EX—LIBRIS

杨佴旻 《春色满园》 2012

U0231171

大 自 然 博 物 馆 百科珍藏图鉴系列

两栖与爬行动物

大自然博物馆编委会　组织编写

化学工业出版社

·北京·

图书在版编目(CIP)数据

两栖与爬行动物 / 大自然博物馆编委会组织编写 . —北京:化学工业出版社,2019.1(2023.4 重印)
(大自然博物馆 . 百科珍藏图鉴系列)
ISBN 978-7-122-33288-2

Ⅰ . ①两… Ⅱ . ①大… Ⅲ . ①两栖动物 - 图集②爬行纲 - 图集 Ⅳ . ①Q959.9-64②Q959.6-64

中国版本图书馆 CIP 数据核字(2018)第 258344 号

责任编辑:邵桂林 装帧设计:任月园 时荣麟
责任校对:王素芹

出版发行:化学工业出版社(北京市东城区青年湖南街13号 邮政编码100011)
印 装:涿州市般润文化传播有限公司
850mm×1168mm 1/32 印张9 字数239千字 2023年4月北京第1版第2次印刷

购书咨询:010-64518888 售后服务:010-64518899
网 址:http://www.cip.com.cn
凡购买本书,如有缺损质量问题,本社销售中心负责调换。

定 价:59.90元

大 自 然 博 物 馆 百科珍藏图鉴系列

编写委员会

主　　任　　任传军

执行主任　　任月园

副 主 任　　李蘅　　王宇辉　　徐守振　　宋新郁

编委（按姓名汉语拼音排序）

安　娜　　陈　楠　　陈　阳　　陈艺捷

冯艺佳　　李　蘅　　李　琦　　刘　颖

屈　平　　任传军　　任　东　　任月园

阮　峰　　石俊香　　宋新郁　　王绘然

王宇辉　　徐守振　　杨叶春　　郑楚林

周小川　　庄雪英

艺术支持　　杨佴旻　　宁方涛

支持单位　　北京国际版权交易中心
海南世界联合公益基金会
世界联合（北京）书局有限公司
福建商盟公益基金会
闽商（北京）科技股份有限公司
皇艺（北京）文创产业有限公司
明商（北京）教育科技股份有限公司
北京趣高网络技术有限公司
拉普画廊（RAAB）
艺风杂志社
深圳书画雅苑文化传播有限公司
北京一卷冰雪国际文化传播有限公司
旭翔锐博投资咨询（北京）有限公司
华夏世博文化产业投资（北京）有限公司

www.dreamstime.com（提供图片）

项目统筹　　苏世春

总序

人·自然·和谐

中国幅员辽阔、地大物博，正所谓"鹰击长空，鱼翔浅底，万类霜天竞自由"。在九百六十万平方千米的土地上，有多少植物、动物、矿物、山川、河流……我们视而不知其名，睹而不解其美。

翻检图书馆藏书，很少能找到一本百科书籍，抛却学术化的枯燥讲解，以其观赏性、知识性和趣味性来调动普通大众的阅读胃口。

《大自然博物馆·百科珍藏图鉴系列》图书正是为大众所写，我们的宗旨是：

· 以生动、有趣、实用的方式普及自然科学知识；

· 以精美的图片触动读者；

· 以值得收藏的形式来装帧图书，全彩、铜版纸印刷。

我们相信，本套丛书将成为家庭书架上的自然博物馆，让读者足不出户就神游四海，与花花草草、昆虫动物近距离接触，在都市生活中撕开一片自然天地，看到一抹绿色，吸到一缕清新空气。

本套丛书是开放式的，将分辑推出。

第一辑介绍观赏花卉、香草与香料、中草药、树、野菜、野花等植物及蘑菇等菌类。

第二辑介绍鸟、蝴蝶、昆虫、观赏鱼、名犬、名猫、海洋动物、哺乳动物、两栖与爬行动物和恐龙与史前生命等。

随后，我们将根据实际情况推出后续书籍。

在阅读中，我们期望您发现大自然对人类的慷慨馈赠，激发对自然的由衷热爱，自觉地保护它，合理地开发利用它，从而实现人类和自然的和谐相处，促进可持续发展。

前言

  "小壁虎在墙角捉蚊子，一条蛇咬住了它的尾巴。小壁虎一挣，挣断尾巴逃走了。没有尾巴多难看啊！小壁虎想，向谁去借一条尾巴呢？"（林颂英《小壁虎借尾巴》）

  "五龙岛，又叫蛇岛。岛上有四个蛇场，上千条蛇：眼镜蛇、银环蛇、蝮蛇、五步蛇、竹叶青……在这里，人们能看到蛇自由活动、捕食和相斗的场面。"（《绿色千岛湖》）

  "龟，也是这动物王国的子民，当我在一块青苔斑驳的卵石上，发现了这种爬行类动物时，瞥了一眼就要走：它们太不起眼了……他上去把趴在卵石上的两只苍青色小龟，用手指挑了两下，把它们挑翻过来。这时，我忽然眼前一亮——那两只龟的腹甲竟都是橘红色的，灿然生辉！"（刘厚明《阿诚的龟》）

  壁虎、蛇、龟，它们属于两栖与爬行动物，在物种进化史上，写下了浓墨重彩的一笔。

  最早的两栖动物出现在3亿多年前的泥盆纪晚期，由登陆的鱼类进化而成。之后，两栖动物的进化分成两个分支：一支在石炭纪晚期进化成原始爬行动物，一支继续走两栖路线，演变成现代两栖类，如青蛙、娃娃鱼等。

  在恐龙时代，爬行动物曾主宰着地球，对动物进化产生了重大影响。它们的皮肤干燥且表面覆盖着保护性鳞片或坚硬的外壳，这使它们能离水登陆，在干燥的陆地上生活。

  今天，地球上共生活着7000多种两栖动物和大约8000种爬行动物，一些种类已处于极度濒危状态。例如，我国的"娃娃鱼"（大鲵），名列英国伦敦动物学会公布的100种濒危两栖动物之榜首。"娃娃鱼"主要生长在我国湖南、湖北、四川等省山区海拔300~600米的溪流中，"鲵鱼有四足，如鳖而行疾，有鱼之体，而以足行，声如小儿啼"，寿命在两栖动物中是最长的，能活130年之久。可由于人们不懂得保护，对它进行了无情的滥捕，致使濒于绝迹。再如智利达尔文蛙，雄蛙将孩子放在口中保护，1978年后就没再被看到过，可能已灭绝。

在本书中介绍的许多两栖与爬行动物来自全球各地，既有极度濒危的，如墨西哥无肺蝾螈等，也有无危在野外常见的；既有纯粹生活在大自然中的野生种类，也有人工饲养的驯化品种。

全书总计收录两栖与爬行动物近200种，介绍其形态、习性和繁殖特点等，充分满足你对大自然的好奇心。全书图片600余幅，精美绝伦，文字讲述风趣、信息量大、知识性强，是珍藏版的两栖与爬行动物百科读物，适于户外运动爱好者、野外动物爱好者和物种研究与繁育工作者阅读鉴藏。

本书详细讲述了近200种两栖与爬行动物的形态、习性等。阅读前了解如下指南，有助于获得更多实用信息。

名称
提供中文名称

基本信息
提供活动季节、活动环境等信息，方便观察

总体简介
用生动方式简介动物，给读者直观了解

动物形态
指导你认识和鉴别不同种类的两栖与爬行动物

习性
介绍不同种类两栖与爬行动物的活动、食物、栖境

繁殖
介绍不同种类两栖与爬行动物的常用繁殖方式

图片注释
提供动物的局部图，方便你仔细观察其头、躯、足等，认识其具体生长特点

篇章指示　　科属　　学名　　英文名

PART 8 有鳞目·蛇亚目

黑眉锦蛇　▶　游蛇科，曙蛇属 | *Orthriophis taeniurus* Cope | Beauty rat snake

黑眉锦蛇

活动季节：春、夏、秋季
活动环境：高山、平原、丘陵、草地、田园及村舍附近

黑眉锦蛇是无毒蛇，具有较大药用价值，常被人类捕杀，数量不断锐减。

形态 黑眉锦蛇体型大，全长可达2米左右。眼后有2条明显的黑色斑纹延伸至颈部，状如黑眉。背面呈棕灰色或土黄色，体中段开始两侧有明显的黑色纵带直至末端，体后具有4条黑色纹延至尾梢。腹部灰白色，体长约1.7米以上，个别个体可以突破2.5米。

习性 活动：性情较粗暴，善攀爬，受到惊扰时竖起头颈离地20～30厘米，身体呈"S"状作随时攻击之势。食物：喜食鼠类，常因追逐老鼠出现在农户的居室内、屋檐及屋顶上，在南方素有"家蛇"之称，被誉为"捕鼠大王"，年捕鼠量多达150～200只。

头和体背黄绿色或棕灰色，眼后有一条明显的黑纹。体背的前、中段有黑色梯形或蛛状斑纹，略似枰星，故又名枰星蛇；由体背中段往后斑纹渐趋隐失，但有4条清晰的黑色纵带直达尾端，中央数行背鳞具弱棱

栖境：高山、平原、丘陵、草地、田园及村舍附近，也常在稻田、河边及草丛中，有时活动于农舍附近。

繁殖 每年5月左右交配，6～7月产卵，每次产卵6～12枚。孵化期为35～50天，受温度影响很大。8～9月幼蛇出壳。

▶　别名：眉蛇、家蛇 | 分布：朝鲜、越南、马来半岛北半部、老挝、缅甸、印度及中国各地

图片展示

提供动物的局部图或生境图，方便你观察到其自然的生长状态，对整体形象产生认知

动物科学分类示例

动物界	Animalia
脊索动物门	Chordata
爬行纲	Reptilia
有鳞目	Squamata
蜥蜴亚目	Lacertilia
澳虎科	Diplodactylidae
纤毛多趾虎属	*Correlophus*
睫角守宫	*C. ciliatus*

二名法

Correlophus ciliatus
Guichenot, 1866

命名者

命名年份

分布

提供该种动物在世界范围内的简略生长分布信息，并指明在我国的生长区域，方便观察

别名

提供一至多种别名，方便认知

警告 本书介绍两栖与爬行动物知识，不要在野外捕杀，以防破坏生态环境。

目录

两栖动物

PART 1
无足目

PART 2
有尾目

PART 3
无尾目

爬行动物

PART 4

龟鳖目

PART 8
有鳞目·蛇亚目

PART 9
有鳞目·蚓蜥亚目

索　引

参考文献

认识两栖与爬行动物

两栖动物，顾名思义既能活跃在陆地上，又能游动于水中，因可以在两处生存，称为两栖。它是脊椎动物从水栖到陆栖的过渡类型，由鱼类进化而来，属于冷血动物。

分类

地球上现存的两栖动物的物种较少，目前正式被确认的种类约有4350种，分无足目、无尾目和有尾目三目。

无足目：又称蚓螈目，现代两栖动物中最低等、最奇特、最鲜为人知的一类，分为吻蚓科、鱼螈科、盲尾蚓科、蠕蚓科、真蚓科和盲游蚓科。

无尾目：包括现代两栖动物中绝大多数种类，分滑跖蟾科、盘舌蟾科、负子蟾科、异舌蟾科、锄足蟾科、合附蟾科、细趾蟾科、龟蟾科、塞舌蛙科、沼蟾科、雨蛙科、附蛙科、疣蛙科、短头蟾科、多指节蟾科、箭毒蛙科、蟾蜍科、蛙科、树蛙科、非洲树蛙科、节蛙科、姬蛙科等。

有尾目：终生有尾，多数有四肢，幼体与成体较近似，有水生的也有陆生和树栖的，分为隐鳃鲵科、小鲵科、鳗螈科、两栖鲵科、洞螈科、钝口螈科、陆巨螈科、蝾螈科等。

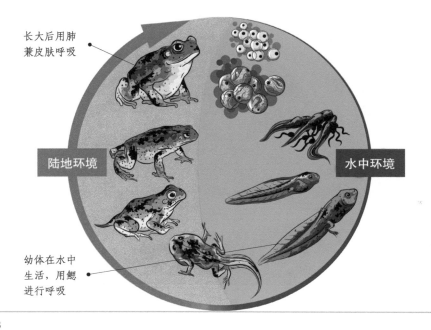

长大后用肺兼皮肤呼吸

陆地环境

水中环境

幼体在水中生活，用鳃进行呼吸

皮肤

裸露，表面没有鳞片（一些蚓螈除外）、毛发等覆盖，但可以分泌黏液以保持身体湿润

体温

不恒定，是变温动物

虎皮蛙

心脏

两心房，一心室，血液为混合血，不完全的双循环

海蟾蜍

视力和听力

大多数蛙类、蟾蜍和蝾螈都有良好的视力，能注意到危险并发现猎物；听力极灵敏，可分辨求偶的鸣声和正靠近的敌害

呼吸系统

幼体通过鳃呼吸，鳃表面多肉质、羽毛状，有良好的血液供应，便于从水中获取氧气；成体用肺和皮肤呼吸，肺一对、囊状、结构简单、呼吸面积小，皮肤用毛细血管呼吸

非洲爪蟾

感觉系统

触觉、味觉、视觉、听觉和嗅觉，能感知紫外线、红外线、地球的磁场；能感知温度和痛楚，对刺激作出反应；能感觉外界水压的变化，了解周围物体的动向

卵生变态

卵生、变态是两栖动物在繁殖和生长发育方面的特征，凡具有这两方面特征的动物，都属于两栖动物

爬行动物，真正适应陆栖生活的变温脊椎动物，由石炭纪末期的古代两栖类进化而来，不仅成体结构进一步适应陆地生活，繁殖也脱离了水的束缚。

爬行类动物大多数为卵生，有的则为卵胎生或胎生。现在世界上有5700多种。

分类

爬行动物分为四大类。

无孔亚纲：头骨侧面没有颞颥孔，包括杯龙目、中龙目和龟鳖目。

下孔亚纲：头骨侧面有一个下位的颞颥孔，包括盘龙目和兽孔目。

调孔亚纲：头骨侧面有一个上位的颞颥孔，包括蜥鳍目、木盾齿龙目和鱼龙目等。

双孔亚纲：头骨侧面有两个颞颥孔，眶后骨和鳞骨位于两孔间，包括始鳄目、喙头目、有鳞目、槽齿目、鳄目、蜥臀目、鸟臀目和翼龙目等。

爬行动物生理特征

生殖

绝大多数为卵生，有的种类卵在母体中先孵化再出生

感官

嗅觉比两栖类发达，鼻腔及嗅黏膜均有扩大；具有活动的眼睑、瞬膜和泪腺以保护和湿润眼球；耳的基本结构似两栖类

头部

能灵活转动；头骨全部骨化，外有膜成骨掩覆，以一个枕髁与脊柱相关联，颈部较明显

体腹

常着地面，行动是典型的爬行，只有少数体型轻捷的爬行动物能疾速行进

四肢

从体侧横出，不便直立

骨骼系统

大多数由硬骨组成，骨骼的骨化程度高，很少保留软骨部分

排泄系统

主要由两颗肾脏进行，使用结肠与泄殖腔来再度吸收水分

神经系统

具有12对脑神经，感觉器官发展良好，除了少部分物种外具有中耳与内耳

豹纹守宫

沙氏变色蜥

环境、习性与繁殖

两栖动物是第一批登陆的脊椎动物，有着最长的发展历史，除了海洋和沙漠，平原、丘陵、高山和高原的各种生境中均有分布。

爬行动物是第一批真正摆脱对水的依赖而征服陆地的脊椎动物，可以适应各种不同的陆地生活环境。

花箭毒蛙

生境

两栖动物在热带、亚热带湿热地区种类最多，南北温带种类递减，仅个别种可达北极圈南缘，垂直分布可达 5000 米，营水栖、陆栖、树栖和穴居等，个别种能耐半咸水。

现存的爬行动物除南极洲外均有分布，大多数分布于热带、亚热带地区，在温带和寒带地区很少，只有少数种类可到达北极圈附近或分布于高山上，在热带无论湿润还是较干燥地区，种类都很丰富。由于摆脱了对水的依赖，爬行动物的分布受温度影响较大而受湿度影响较少。

拟态

拟态是指一种生物在形态、行为等特征上模拟另一种生物，从而使一方或双方受益的现象。动物外表颜色与周围环境相类似，这种颜色叫保护色，它使得动物与周围的环境融为一体，用于逃避捕食者的捕食或捕食猎物。显然，保护色比拟态的功力要低一个档次。例如，变色龙是一种"善变"的树栖爬行类动物，在自然界中它当之无愧是"伪装高手"，为了逃避天敌的侵犯和接近自己的猎物，这种爬行动物常在人们不经意间改变身体颜色，然后一动不动地将自己融入周围的环境之中。

小胡子侏儒变色龙

颜色像枯树皮，趴在树干上让人误以为是枯叶

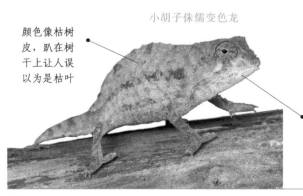

现存爬行动物中，体型最大的是咸水鳄，可达7米以上；最小的是侏儒变色龙，只有1.6厘米长

（从上至下）

图1：高山欧螈也出现在低海拔地区
图2：冠北螈是最大的欧洲蝾螈
图3：高冠变色龙适应的温度范围很大
图4：沙蜥蜴适于荒漠、半荒漠及草原
图5：佛州红肚龟是水中最佳的泽龟
图6：钻纹龟生存在半咸水的沿海地带
图7：恒河鳄栖于印度北部江河
图8：巴拉圭凯门鳄栖息于南美洲

绿蝇

沙漠王蛇

青蛙

取食

爬行动物中大多数种类可以长时间不进食，静待猎物靠近，是一群有耐心的猎手；两栖动物摄取动物性食物（蛙类蝌蚪以刮取植物性食物为主）

活动

两栖动物的产热和散热机能不够完善，一般于黄昏至黎明时分在隐蔽处活动频繁，酷热或严寒季节以夏蛰或冬眠方式度过

爬行动物活动分昼出活动、夜出活动和晨昏活动三种。夏季是活动季节，进行摄食和繁殖，秋末冬初到次年春季是休眠时期，此外活动也与食物的丰富程度有关系

细皮瘤尾守宫

栖息

两栖动物营水栖、陆栖、树栖和穴居生活，幼体生活在水中，成体大多数生活在陆地上，少数种类生活在水中；长期的物种进化使两栖动物既能活跃在陆地上，又能游动于水中

大多数爬行动物生活在温暖处，移动到有阳光照射的地方晒太阳取暖，可以使体温升高；藏到树荫下或者躲入洞穴中，可以使体温降低

沙蜥蜴

睫角守宫

繁殖

两栖动物

两栖动物都是卵生动物，不能完全脱离水环境。

它们把卵产在水里。受精方式可以是体外受精也可以是体内受精。

卵在水中孵化，幼体在水中用鳃呼吸，长大后经过变态过程（无尾目，如蛙类）或基本不经过变态过程（有尾目，如蝾螈），鳃退化，体内长出肺后，才能够进行陆上生活。

除个别种类外，一般没有护卵或护幼行为。

爬行动物

爬行动物雌雄异体，有交接器，体内受精，多数卵生，有的则为卵胎生或胎生。

爬行动物借由泄殖腔——位于尾巴基部，来排泄与繁殖。

卵外部是钙质或革质卵壳，覆盖着内部的羊膜、羊膜囊，以及尿囊。

某些有鳞目爬行动物，雌性个体达到一定数量便能自行复制出单性染色体。这种无性繁殖方式称为孤雌生殖。目前有六科蜥蜴和一种蛇，被确认具有无性繁殖能力。

刀背麝香龟

珠宝变色龙

刀背麝香龟可以人工繁殖，亲龟池温度应在 18～32℃，池中应分深水区、浅水区、陆地及水中晒背台；产卵场应建离水面不远处的陆地上，设置龟房，环境阴暗避光有利于产卵，龟房沙池内铺 20～30 厘米厚细沙土混合物，湿度为 5%～8%

鬃狮蜥1～1.5年长成成体，次年开始产卵，每次产卵10～30个，产后雌性会大量流失营养，需要补充营养

棕脆蛇蜥

两栖
动物

PART 1
030~032页

无足目

泅盲游蚓 ▶ 盲游蚓科，盲螈属 | *Typhlonectes natans* Fischer | Rubber eel

泅盲游蚓

活动季节： *春、夏、秋、冬四季*
活动环境： *亚热带或热带河流湖泊中*

　　泅盲游蚓是蚓螈中非常特别的一类，完全栖息在水中。该种群主要分布在南美，近年来为迎合广大宠物爱好者，开始进入宠物市场，在美国、日本等国家很受欢迎，在我国台湾宠物市场可以见到它的身影。

形态 泅盲游蚓体型中等，体长45~56厘米，外形似蚯蚓，无脚，身体背面呈土褐色或黑褐色，腹面颜色较浅。头部较小，似蛇，鼻子较尖。眼睛严重退化，视力几乎为零，嗅觉灵敏。周身有缢纹环绕，形成许多排环褶，没有尾部；身体末端是泄殖腔。雌雄外表难以分辨。

习性 活动：行动较慢，夜行性，白天并不常见其活动与觅食；经常钻入洞中或泥土中休息。食物：依赖嗅觉觅食，对于行动迅速的小鱼、小虾束手无策，因此任何可以到口的食物都不会放过。栖境：亚热带、热带的季节性河流湖泊中，不觅食时爱钻入河流湖泊的泥土中。

繁殖 胎生。通过身体末端的泄殖腔交配，受精卵在母体中孵化完全才产下。刚出生的幼体颈部仍连着白色的外鳃，三天左右会自行脱落。一年后可以交配繁殖。寿命为5~10年。

● 可以与热带鱼类一起喂养

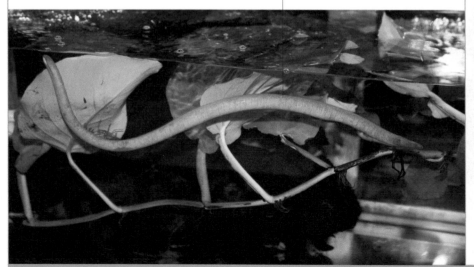

▶ 别名：南美蚓螈、橡皮鳗 | 分布：哥伦比亚、委内瑞拉、特立尼达和多巴哥共和国

吃皮小蚓螈

活动季节： 一年四季
活动环境： 潮湿热带地区的地下

2013年，科学家在法属圭亚那发现了一种蚓螈，它们大多数生活在热带地区的地下，雌性用自己的皮肤喂养后代，是第四种被人类发现的吃皮蚓螈。研究显示，它们或许在地球上生存了约2.5亿年，比恐龙出现得还早，而且生命力强大，其他许多物种都从地球上消失了，它们却存活了下来。

形态 吃皮小蚓螈成体雄性长17.5～18.1厘米，雌性长约18.3厘米。身体呈圆柱形，紧实，从生殖器至尾端渐细。头部从上端看呈"U"形。嘴巴不如吻端醒目。眼睛不明显。鼻孔小，圆形，有点凹陷。颈部比身体相邻部位宽。身体颜色从丁香色至灰色，头部偏粉色，口部边缘偏白色，背部中段以下有深色带，腹部颜色相对浅。

习性 **活动**：生活在地下，不易观察其活动。**取食**：食物范围广，包括白蚁、蚯蚓、蟋蟀、蚂蚁等。**栖境**：植被茂盛的热带雨林，富含腐殖质的土壤中，尤其是在朽木下，掘地穴居。

繁殖 卵生。每年3～4月产卵。卵将孵化时雌性的皮肤会发生变化，变得苍白，然后会像蛇那般蜕皮，皮肤中富含脂肪，可以作为新生蚓螈的食物。小蚓螈生有牙齿，可以把母亲的皮肤"刮"下来。1年左右性成熟。

看似蠕虫和蛇的杂交动物，但事实上是没有腿的两栖动物，眼睛功能弱，几乎失明

墨西哥蛇皮蚓

活动季节： 春、夏、秋、冬四季

活动环境： 海拔较低的疏松土壤、落叶或朽木中

墨西哥蛇皮蚓的处境非常危险，已被列入IUCN受威胁物种的红色名录中。过去十年中，种群数量下降了30%以上，栖息地不断减少，在一些地方因为其外貌像蛇而遭到人类的捕害。

形态 成年墨西哥蛇皮蚓长30~50厘米。身体细长，无四肢，体表周身有缢纹环绕，形成许多排环褶。背面颜色呈暗灰色，腹部颜色较浅呈淡灰色，身体密布可分泌毒液的毒囊。头部较小，吻部较圆，有一个尖尖的鼻子，在眼睛与鼻子之间有一对"触突"；眼睛较小，没有眼睑，隐于皮下；舌头较大，口中密布牙齿。没有尾部，身体末端是泄殖孔。

习性 活动：完全陆栖，在陆地上活动，白天栖息在土壤中，夜间出来觅食、活动。**食物：** 主要以无脊椎动物为食，如蚯蚓、白蚁、蟋蟀、蛞蝓和蜗牛等，也可以捕食老鼠和小蜥蜴等较大的个体，经常在雨天外出捕食。**栖境：** 亚热带或热带干旱森林、潮湿的低地森林、山地森林以及种植园、乡村花园潮湿、疏松的土壤落叶中，穴居，有时也可在香蕉或咖啡种植园中见到它们。

繁殖 胎生。每年5~6月雌雄个体通过身体末端的泄殖孔交配。受精卵经过11个月左右在母体中发育成熟。每胎产仔约7条，体长10~15厘米，出生后牙齿会脱落，然后重新长出成年牙齿。

形似大蚯蚓，雌雄外表
差别不大 ●

PART 2
034~068页

有尾目

| 大鲵 | ▶ | 隐鳃鲵科，大鲵属 | *Andrias davidianus* B. | Chinese giant salamander |

大鲵

活动季节： 春、夏、秋、冬季

活动环境： 水质清凉、石缝和岩洞多的山间溪流、河流和湖泊

　　大鲵叫声洪亮，酷似婴儿，故又名"娃娃鱼"。它的寿命在两栖动物中是较长的，野生状态下可存活130余年，故被称作"寿星鱼"。它是一种食用价值极高的动物，肉质细嫩，味道鲜美，营养价值极高，被誉为"水中人参"，在中国台湾、香港及东南亚市场上被视为珍稀补品，因此遭到捕捉处于濒危状态。

形态 大鲵体形较大，全长可达1米以上，体重可超百斤。头部扁平、钝圆；口大；眼不发达，无眼睑。身体前部扁平，至尾部逐渐转为侧扁。体两侧有明显的肤褶，四肢短扁，前肢各4指，后肢各5趾，具微蹼。尾圆形，上下有鳍状物。体色随环境不同而变化，一般多呈灰褐色。

习性 活动：白天常藏匿于洞穴内，头多向外，便于随时行动、捕食和避敌，遇惊扰则迅速离洞向深水中游去。**食物：**生性凶猛，以水生昆虫、鱼、蟹、虾、蛙、鳖、鼠等为食；捕食方式为"守株待兔"；牙齿不能咀嚼，张口将食物囫囵吞下。
栖境：水流湍急、水质清凉、水草茂盛、石缝和岩洞多的山间溪流、河流和湖泊中，有时也在岸上树根系间或倒伏树干上活动，在有回流的滩口处的洞穴内栖息。

繁殖 每年7～8月产卵，卵产于岩石洞内，每尾产卵300枚以上，抚育任务交给雄鲵。雄鲵把身体曲成半圆状，将卵围住，以免被水冲走或遭受敌害，2～3周后孵化出幼鲵，15～40天后，小"娃娃鱼"分散生活，雄鲵才肯离去。

外形酷似鱼类，水中用鳃呼吸，水外用肺兼皮肤呼吸，
皮肤只有黏膜，体表光滑无鳞，但有斑纹，布满黏液

| ▶ | 别名：娃娃鱼、啼鱼 | 分布：亚洲，中国除新疆、西藏、内蒙古、台湾外，其余省区均见 |

滞育小鲵

活动季节：春、夏、秋、冬季
活动环境：温带森林、灌丛、沼泽等湿润地带

　　滞育小鲵是日本北海道特有的物种，也是仅有的两种体外受精的蝾螈之一，研究估计其种诞生发生在1400万~1800万年前。

形态 躯体长10~18厘米。身体两侧有11个或12个肋沟，尾巴很长。背部颜色呈深棕色。

习性 **活动**：昼行性。**食物**：成体以昆虫、甲壳类、水虫为食，也会吃小鱼或其他北海道鲵的幼体；幼体主要以小型水栖脊椎类动物为食。**栖境**：海拔2000米以下的温带森林、灌丛、沼泽、淡水泉、水浇地、运河和沟渠等湿润地带。

繁殖 卵生。在北海道的大多数地区4月开始繁殖；在高海拔地区会推迟到6月上旬。胚囊通常含30~50枚卵，有时多达90多枚卵。幼体一年内完成变态，如果栖息水域水温较低，变态可以在两三年内完成。

全身看起来肉乎乎的

眼睛明亮、鼓凸

▶ 别名：虾夷山椒鱼 | 分布：日本北海道

| 东方蝾螈 ▶ | 蝾螈科，蝾螈属 | *Cynops orientalis* David | Chinese fire belly newt |

东方蝾螈

活动季节：春、夏、秋、冬季
活动环境：清寒的静水池内

东方蝾螈又名中国火龙，色彩艳丽，长相可爱，与"娃娃鱼"极为相似。

形态 东方蝾螈体长约10厘米，头部扁平；躯干浑圆；尾部侧扁，尾梢钝圆。头顶平坦，头长大于头宽；吻端钝圆；眼径约与吻等长或稍短；口裂在眼后角下方，唇褶在口角处；上下颌有细齿。四肢细弱而长，贴体相向时，指和趾端相重叠。尾长，略短于全长的1/2。雄蝾螈躯体较小，泄殖孔隆起，孔裂缝长，内侧可看见明显突起；雌蝾螈躯体较大，腹部肥大，泄殖孔平伏，孔裂较短，内侧没有突起。

指、趾略扁平而细长，末端较尖圆，基部无蹼

习性 活动：喜欢湿度大的环境，行动缓慢，缺氧时经常把头伸出水面大口呼吸。**食物**：以孑孓、水蚯蚓、水蚤、面包虫、小鱼为食。**栖境**：山地池塘或水田等静水域，以及山溪流中流速较缓的水域。

繁殖 体内受精。雄蝾螈排出乳白色精包后，很快沉于水底。这时，雌蝾螈用生殖孔触及精包前端，将精子纳进，保存于输卵管内。雌蝾螈产卵时先在水中选择水草叶片，再用后肢将叶片夹拢，反复数次，最后将扁平的叶子卷成褶并包住泄殖孔，静止3～5分钟，受精卵即产出，包在叶内。受精卵经多次有规律的分裂，变成蝾螈蝌蚪。经过3～4个月，幼体完成发育，变成蝾螈。

本身有毒，只可用于观赏，不建议作为宠物喂养

▶ | **别名**：中国火龙 | **分布**：中国江苏、浙江、安徽、江西、福建、湖北、湖南、广东

红瘰疣螈

活动季节：春、夏、秋、冬季
活动环境：阔叶林、低海拔林区

红瘰疣螈色斑艳丽，活体常供饲养观赏，但因过度捕获使得数量急剧减少。在中国出现的范围仅20 000 平方千米，被中国物种红色名录评估为"近危"等级。

形态 红瘰疣螈雄螈全长13～15厘米，雌螈14～17厘米。头部扁平，两侧脊棱显著隆起，无唇褶。头中部脊棱较低，从头前部向后延伸，头侧脊棱后端与耳后腺前端相连接，耳后腺略向内弯，有点类似人耳的轮廓；吻圆，鼻孔靠近吻端，呈半环状；眼大小适中；上、下颌具齿，犁骨齿列呈"∧"形。背中央纵行腺质脊棱始于头侧左右脊棱末端的卷钩（耳后腺）水平连线上，终止于尾基部。体侧、体背面和尾部均有不同大小、分布不均匀的疣粒。腹部呈横缝纹状，具很小的疣粒。整个身体为一致的棕黑色，仅吻、上下唇、咽喉部和四肢腹面颜色较浅，呈橄榄褐色。尾两侧为浅褐色，尾下面为暗橘褐色。

习性 **活动**：成螈营陆栖生活，非繁殖期多栖息在林间草丛下或阴湿环境中。**食物**：捕食蚯蚓、蜈蚣、步行虫、蜗牛等昆虫及其他小动物。**栖境**：海拔1000～2400米林木繁茂、杂草丛生及水稻田附近的山区。

繁殖 卵生。5～6月为繁殖季节，多在静水区配对产卵。雌螈产卵75粒左右，卵径2.5～3毫米，卵单粒或连成单行，分散附着在水草上。幼体在水域内生长发育，长大后转为陆栖生活。

背鳍褶明显

体两侧各有1排球形瘰粒
14～16粒

老挝蝾螈

活动季节：春、夏、秋、冬季

活动环境：亚热带山区林地

老挝蝾螈已被列入联合国濒危物种名
录，其生存范围大约4560平方千米，而
且生存环境质量不断下降，成体数量也
在减少。这种蝾螈在被外界所知之前，
常被当地居民捕捉少量作药用或食用。
近年，国际宠物贸易对其需求量大，药用和食用需
求相对较小。

黄色斑点集中在腹部

形态　老挝蝾螈成年雄性体长达8.7厘米，雌性达8.4厘米。身体基色为黑色，带橘
黄色条纹和斑点。头部宽且长。从头上部至尾端有三条纵纹。尾部较长。

习性　活动：不详。取食：不详。**栖境：**喜欢生活在海拔1000米以上的山区溪流
源头（直径1～10米、深0.2～0.7米的水塘里），溪流流经常绿林地、灌丛和草地
及稻田等。

繁殖　卵生。每年的寒冷季节繁殖，集中在11月～翌年2月。雌性将卵产在溪流池
塘底部的枯叶间或枯叶团中，数只雌性选择同一产卵地点。幼体2～4月孵出。

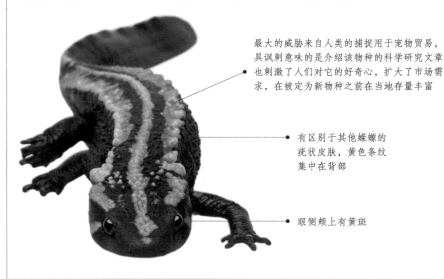

最大的威胁来自人类的捕捉用于宠物贸易，
具讽刺意味的是介绍该物种的科学研究文章
也刺激了人们对它的好奇心，扩大了市场需
求，在被定为新物种之前在当地存量丰富

有区别于其他蝾螈的
疣状皮肤，黄色条纹
集中在背部

眼侧颊上有黄斑

帝王蝾螈

活动季节：春、夏、秋季
活动环境：伊朗南部扎格罗斯山区溪流中

帝王蝾螈是伊朗特有的蝾螈种类，在宠物贸易中价位比较高。近年来，频繁的宠物贸易使得该种群数量急剧下降。野生种的数量急剧减少，加上人工养殖难度较大，濒临灭绝。国际自然保护联盟已将它列入濒危物种行列。

形态 帝王蝾螈体型较小，体长10~12厘米。雌性比雄性大且健硕。雄性的泄殖腔比较肿大。身体上花纹特别，黑白花相间；四肢、腹部和背脊线为橙色，随着成长橙色越来越明显。头部扁平、钝圆；口大；眼睛突出。体表无鳞，密布疙瘩。前肢各4指，后肢各5趾。

习性 **活动：**胆小；夜行性，白天常藏匿于洞穴内，夜间外出觅食活动。冬天进入冬眠，春天温度回升后苏醒。**食物：**较小的昆虫、鱼、虾以及甲壳类。**栖境：**原栖息地属于石灰岩地带，水域呈弱碱性、硬度较高、水质清凉、水草茂盛；水温常年较低，不高于23℃；成体几乎全部生活在水中，冬天水温低于5℃时会冬眠。

繁殖 卵生。每年春天水温回升到20℃以上时从冬眠中苏醒进行交配繁殖。交配在水中完成，雌性2个月后开始产卵，产在水底石头或木头缝隙中，一次产卵100~200枚，3~4个月发育成蝾螈蝌蚪，再经3~4个月会进化为蝾螈并上岸，两年后成年。寿命可达20年。

属于稀有的小型蝾螈类

冠北螈　　蝾螈科，欧螈属　|　*Triturus cristatus* J.N.Laurenti　|　Northern crested newt

冠北螈

活动季节：3~10月，10月~翌年3月会冬眠

活动环境：具有密集覆盖植被的陆地，阴森、潮湿的溪水边

冠北螈也叫大冠蝾螈，因其背部长有锯齿状的脊背。在欧洲三种北螈中，该种群是体型最大也最常见的，在欧洲大部分地区都可以看见其身影。随着人口增和农业扩张，其栖息地不断缩小。

形态　雄性冠北螈成体体长14~15厘米，雌性比雄性体型健硕，长达16厘米。背部和侧面呈深灰褐色，覆盖着深色斑点，看起来几乎呈黑色。腹部呈黄色或橙色，并有大的黑色斑点。背部和尾部有长锯齿状的背脊，尾巴较长。繁殖季节，雄性背部和尾巴上会有锯齿状波峰，尾巴侧面会有银白色或灰色条纹；雌性没有波峰，尾巴下边缘有橘黄色条纹。

习性　活动：通常生活在陆地上，繁殖后代时会回到河流或水塘中。白天在岩石或其他遮蔽物下休息，夜间外出捕食。**食物**：成年冠北螈以其他种类的蝾螈、蝌蚪、幼蛙、蠕虫、昆虫幼虫为食，在陆地上捕食；幼年冠北螈以蝌蚪、蠕虫、昆虫和昆虫幼虫为食。**栖境**：不繁殖时，一般生活在密集覆盖植被的陆地上；繁殖期，会选择鱼类较少的水塘、河流或湖泊。

繁殖　卵生。每年3月进行交配，雌性3~7月中旬产卵，逐日产卵200~300枚。卵产在被水淹没的水生植物上，3周后孵化为幼体，4个月后变态发育成可以呼吸空气的幼体，能够在地面上生存。2~3岁性成熟。寿命可达27年。

每条的体表颜色都不完全一样

別名：大冠蝾螈　|　分布：欧洲和亚洲的部分地区

绿红东美螈　▶　蝾螈科，东美螈属　|　*Notophthalmus viridescens* Rafinesque　|　Eastern newt

绿红东美螈

活动季节：春、夏、秋季，冬季进入冬眠

活动环境：落叶和针叶林，淡水小湖泊、池塘、沟渠和沼泽

绿红东美螈是美国原生种，在美国东部各个州分布，数量很多。种群因外观亮眼、体形较小、体色鲜艳、价格低廉、不需要很大饲养空间，成为很多蝾螈宠物玩家的首选。

形态　绿红东美螈体型较小，体长2~5厘米，尾长6~14厘米。幼体皮肤光滑，背部为橄榄绿色或黄棕色，密布小黑斑和带黑色边框的红色斑点。腹部为浅黄色至柠檬黄色，带有许多黑色斑点。成体体表有颗粒状凸起，与蟾蜍类似，呈红色或橙色。头部略扁平，有活动性眼睑；口中有两排牙齿。四肢发达，前肢各4指，后肢各4或5趾。

习性　**活动**：不像其他蝾螈那样胆小，虽然也有夜行性，但白天也外出觅食活动。幼体期和成年期在水中栖息，未达性成熟期为陆栖。**食物**：食性较杂，以昆虫、小型软体动物和甲壳类、体型较小的两栖动物、蠕虫和青蛙卵等为食。**栖境**：针叶林和落叶阔叶林，喜欢潮湿环境，在溪流或冷泉附近的岩石、木料和其他覆盖对象下经常可以看见。雨后的夜晚无论成体还是幼体，都喜欢待在泥泞水洼中。

繁殖　卵生。6~9月雌雄进行交配繁殖，体内受精。交配后1个月左右产卵，在水草间逐日分批产下200~400粒卵。之后1~2个月卵开始孵化。刚孵出的幼体有外鳃，体长仅0.8厘米，3个月后外鳃脱落上岸，可以在空气中呼吸。3年后发育成熟并具有繁殖能力。寿命约15年。

成体肌肤与蟾蜍相似，有颗粒状突起，变态后呈红色，改变为陆栖形态 ●

● 活动迅速

▶　别名：红点蝾螈、火焰蝾螈　|　分布：北美洲东部，主要是美国和加拿大东部

绿红东美鳔

横带虎斑蝾螈

活动季节：春、夏、秋季，冬季进入冬眠
活动环境：落叶林、针叶林、草地、山地、沼泽等潮湿环境

　　横带虎斑蝾螈体表有黑黄相间的条纹和斑点，类似老虎的着色，故得名。据报道种群之间存在相残行为，目前也面临着数量下降问题，原因可能是森林砍伐引起的栖息地缩小或外来物种入侵。

形态 横带虎斑蝾螈体型中等，体长15~22厘米，个别长达30厘米。背部为灰色、深棕色或黑色，并有泥黄色带条和斑点；腹部颜色由浅变深。头部宽大、扁平、钝圆；口大；眼小；无鼓室和鼓膜；舌端不完全游离，不能外翻摄食；两颌周缘有细齿；具有外鳃。成体躯体细长，四肢细弱，尾巴较为扁平厚实。

习性 活动：夜行性，昼伏夜出，仅夜间外出活动觅食，白天大部分时间都栖息在洞穴中。**食物**：十分庞杂，小到昆虫、蚯蚓、蛞蝓、蝌蚪、螺类，大到青蛙、老鼠等；视觉较差，主要依靠嗅觉或侧线捕食，多采用伏击方式。**栖境**：落叶阔叶林、针叶林、灌丛、沼泽、淡水泉、水浇地、运河和沟渠等湿润地带，草原、沙漠、半沙漠地带也偶有发现。

繁殖 一年中大多数月份都可育种，在水中进行。雄性会先产下精囊，再由雌性吸收完成交配，没有实际的交尾动作。交配完成1~2天后雌性开始产卵，产在水草枝叶、岩石或水中原木上。每次产卵约100枚，3~4周后孵化成幼体蝌蚪，完全水栖，2~3年完成变态发育，返回陆地生活。寿命约20年。

皮肤光滑无鳞，表皮角质层薄并定期蜕皮　　　　　● 肢、尾残损后可再生

斑点蝾螈 ▶ 钝口螈科，钝口螈属 | *Ambystoma maculatum* George Shaw | Spotted salamander

斑点蝾螈

活动季节：春、夏、秋季，冬季进入冬眠
活动环境：阔叶林中水塘、河流、小溪附近

　　斑点蝾螈是非常神奇的两栖类动物，成体和胚胎都能进行光合作用，因为细胞中有与之共生的藻类。科学家发现这种藻类共生体经常在线粒体周边——线粒体可以从藻类中获得氧气和碳水化合物，藻类可以从线粒体中获得二氧化碳和其他光合作用所需的物质；但至于藻类如何进入细胞内，目前仍是个谜。

从眼睛附近延伸到尾部有两排不均匀的黄橙色斑点，越靠近眼睛部位越接近橙色，越远则更接近黄色

形态 斑点蝾螈体型中等，体长15~25厘米。身体黑色，有时呈蓝黑色、深灰色、深绿色，甚至深褐色。腹部为蓝灰色或粉红色。头部扁平、钝圆，口大。身体粗壮；体表光滑；四肢细弱，前肢各4指，后肢各5趾；尾巴较扁平厚实。

习性 **活动**：成体大部分时间在陆地生活，昼伏夜出，白天常藏匿于洞穴内或遮蔽物下，夜间外出觅食活动。**食物**：陆生小动物，包括蟋蟀、蠕虫、蜘蛛、蛞蝓、蜈蚣、千足虫等。**栖境**：阔叶林中水塘、河流、小溪或池塘附近的潮湿地带。

繁殖 每年3~5月成体从冬眠中苏醒，短短一个晚上成百上千只斑点蝾螈在池塘中完成交配。雌性一般将卵产在水生植物的枝叶上，每次产卵约100枚；通常会有藻类覆盖在卵的果冻状外层实现共生。经过1~2个月，卵孵化成幼体，2~4个月去掉外鳃，可以在陆地生活。寿命约32年。

繁殖时会栖息在水中

▶ 别名：黄色斑点蝾螈、斑点钝口螈 | 分布：美国东部、加拿大东南部

无斑肥螈

活动季节：春、夏、秋、冬
活动环境：山溪沟内

无斑肥螈与恐龙同时代出现，素有两栖"贵族"之称。该物种分布区域较窄，对海拔高度、水质要求较高。由于人类活动的增加，它面临分布范围急剧缩小的局面，已被列入中国国家林业局2000年8月1日发布的《国家保护的有益的或者有重要经济、科学研究价值的陆生野生动物名录》。

身体颜色深，头部扁平，头后部凸出。

形态 无斑肥螈雄螈全长15～19厘米，雌螈12～20厘米。体形肥壮，体表光滑，皮肤裸露，表面没有鳞片、毛发等覆盖。头部扁平，吻端圆。头侧无脊棱，唇褶发达。四肢粗短，前后肢贴体相对时，指、趾端相距甚远；指4，趾5，均具缘膜，个体大者缘膜甚显。尾短于头体长。体背面棕褐或黄褐色，无深色圆斑；腹面色浅，有橘红或橘黄色大斑块；尾上、下缘橘红色连续或间断。

习性 活动：以水栖生活为主，白天多栖于石下，夜晚外出多在水底石上爬行。**食物：**成螈捕食象鼻虫、石蝇、螺类、虾、蟹等。**栖境：**海拔50～1800米较为平缓的大小山溪内，溪内大小石块甚多，溪底多积有粗沙，水质清澈。

繁殖 卵生。4～7月繁殖，产卵30～50粒，多为10粒以上成群黏附在水中石上或杂物上。幼体在水中生活，用鳃进行呼吸，长大后用肺兼皮肤呼吸。幼体2～3年达到性成熟，体全长可达100毫米以上。

▶ 别名：山和尚、山狗、山娃娃 | 分布：中国贵州、安徽、浙江、湖南、广东北部、广西

高山欧螈

活动季节：春、夏、秋季，冬季进入冬眠
活动环境：植被茂密、水资源丰富的低海拔山区丘陵

　　高山欧螈主要见于欧洲中部，目前数量较多、分布较广，整体无生存危险，但在部分地区已处于将要灭绝状态，主要因湿地化学污染、栖息地面积不断减少、成体在道路上意外死亡，以及不法商贩的非法贸易。

形态 高山欧螈体长9~12厘米，雌性体型略大于雄性。身体为斑驳的棕色、灰色、淡蓝色；从头部到尾部有一条明显的黄色或暗红色条纹。繁殖季节雄性背上会出现一条低脊棱，上有黄、黑斑点；背部呈深蓝色，侧边有黑白色条纹，从头部延伸到尾部；雌性背部会出现微弱斑点。头部扁平、钝圆；口大。身体粗壮；体表有颗粒状凸起；四肢细弱，前肢各4指，后肢各5趾；尾巴较扁平厚实。

腹部呈鲜艳橙色

习性 **活动**：夜行性，昼伏夜出，白天藏匿于灌丛中或遮蔽物下，夜间外出觅食活动。**食物**：初生幼体以浮游生物为食，稍大的以蜻蜓幼体、小虾和其他蝾螈的卵为食。成体进入陆地后捕食苍蝇、蚊虫、甲虫或蚯蚓等。**栖境**：低海拔地区，植被茂密、水资源丰富的山区丘陵，喜钻入厚厚树叶下或溪边鹅卵石下。

繁殖 春季冬眠结束后求偶，成体在水中交配，约7天雌性产卵，每次产73~130枚，产在水生植物的叶子上。刚孵化的幼体体长7~11毫米，几天后长到4~5厘米。6~8个月发育成熟，进入陆地。幼体2~3岁性成熟。

成体除繁殖期外生活在陆地，繁殖时进入溪水或池塘中

粗皮渍螈

活动季节：春、夏、秋、冬季
活动环境：森林、河川、溪流、池塘、湖泊、池沼、草原

粗皮渍螈外表颜色鲜艳，皮肤可分泌神经毒素，卵、胚胎和成体均有剧毒，即使同种聚集在一起，相互亦有毒害。受到外敌威胁时，它会摆出假死姿势，闭上眼睛，四肢摊开，卷曲尾巴，身体翻转暴露出腹面颜色——鲜艳的橙色，对潜在掠食者警告有毒。

形态 粗皮渍螈体型中等，成螈体长6.4～8.9厘米，总长度8.9～20厘米（从鼻子至尾尖量度）。身体健壮，没有肋骨间沟，皮肤有干燥颗粒，背面有暗斑点；具有鲜明的警戒色，黑、棕、红棕或浅棕色。下眼睑黑色，虹膜黄色。具有扁平的尾巴，以帮助游泳。幼虫是池型，在水中生活，身体两侧各具有一排褐色的光斑点。

习性 **活动：**一般在陆地生活，白天常在土地上爬行经过，秋季降雨时常出现，四处游荡觅食；也可永久在池塘和溪流水中生活。**食物：**肉食性，以昆虫、甲壳类、贝类、蚯蚓、其他小型两栖类的卵和幼体等为食。大多夜间捕食，凭视觉和嗅觉发现猎物，然后迅速捕捉，吸进嘴里。**栖境：**从海平面到海拔约2800米均见，喜爱森林、河川、溪流等地。

繁殖 成螈4~5年性成熟。在繁殖季节，成雄螈在交配时脚趾垫会很发达，以改善雌性的抱合能力。雌螈在沉水植物的叶子上产卵，孵化需要20～26天。幼螈在水中生活4～5个月，越冬和夏天会发生变态。变态后，亚成螈会走上陆地，在潮湿的夜晚出来觅食。

寿命长达12年 ●

蓝点钝口螈

活动季节：春、夏、秋季，冬季进入冬眠

活动环境：落叶林、灌丛、沼泽、池塘、湖泊等潮湿地带

　　蓝点钝口螈是典型的两栖类，因其独特的外貌而得名，身体表面有蓝色和白色斑点。幼体栖息在水中，有3对羽状外鳃，2~3龄时开始不明显的变态，成体性成熟时基本上保持水栖幼体形态。

形态 蓝点钝口螈体长8~14厘米，尾巴约占体长的40%。体表呈黑蓝色；背上有蓝色和白色斑点；身体和尾巴两侧有蓝白色斑点；腹部颜色较浅。幼体体表有黄色斑点。头部较宽大；两颌周围有细齿；舌头为圆形或半圆形，不能外翻摄食；眼睛较小。有外鳃，无鼓膜和鼓室。体表光滑无鳞片，表皮角质层定期脱落。成体身体细长，四肢细弱；前肢各4指，后肢各5趾；尾巴较扁平厚实。

习性 **活动**：穴居，不好动，视力较差，依靠嗅觉或光线捕食。成体主要生活在陆地上，将树叶、岩石、灌丛或原木作为遮蔽物；繁殖季节进入水塘、河流中产卵；幼体始终在水中生活。**食物**：以节肢动物、螺类、小鱼、小虾、蝌蚪和幼蛙为食。**栖境**：落叶林和沼泽等潮湿地方，在针叶林和农田中也见。

肢、尾残损后可再生

繁殖 成体早春季节进行交配繁殖。雌性将卵产在水生植物的枝叶或水底岩石上，每天产卵约12枚，每年产卵约500枚。经过1个月卵孵化成幼体，具有发达的嘴和眼睛，之后1个月逐渐长出四肢，夏末完全变态发育成陆栖状态。约2年性成熟，可交配繁殖。

▶　别名：不详　|　分布：美国东北部、加拿大

蓝点钝口螈

| 火蝾螈 | ▶ | 蝾螈科，真螈属 | *Salamandra salamandra* L. | Fire salamander |

火蝾螈

活动季节：春、夏、秋、冬季
活动环境：山区、森林

　　火蝾螈又称火蜥蜴，寿命长达50年。与大多数两栖类一样偏向夜行性，喜欢藏身在枯木缝隙中，当枯木被人拿来生火时往往惊逃而出，有如从火焰中诞生，故得名。

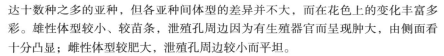

形态 火蝾螈长达20厘米，身体呈黑色，有黄色斑点或斑纹。一些标本甚至全黑或以黄色为主色，有时会有红色及橙色。火蝾螈演化出高达十数种之多的亚种，但各亚种间体型的差异并不大，而在花色上的变化丰富多彩。雄性体型较小、较苗条，泄殖孔周边因为有生殖器官而呈现肿大，由侧面看十分凸显；雌性体型较肥大，泄殖孔周边较小而平坦。

习性 **活动**：大部分时间躲藏在石头、木头或其他物件下；需要细小的清溪让幼体成长。**食物**：以昆虫、蜘蛛、蚯蚓及蛞蝓为食，有时会吃细小的脊椎动物，如蝾螈及青蛙。捕食时会以犁齿咬住或以舌头的后部粘住猎物。**栖境**：海拔400～1000米的叶落森林中，除了德国北部低至海拔25米外，其他较低地方极少见。

繁殖 交配时雄螈排出精囊到地上，再将雌螈的泄殖腔接触精囊，雌螈吸入精子进行体内受精。受精卵孵化时，雌螈会将幼螈排到水中，在水中每胎可产下10～60只约2厘米的幼体，幼体在水中生活3～5个月后上岸进化成陆上型，外鳃完全脱落，只要喂食蚂蚁、蟋蟀或果蝇就能快速成长。

具有强大的再生能力，不仅能再生被切除的四肢、受损的肺脏、重伤的脊椎神经，甚至可以再生部分受损的大脑

▶ 别名：真螈、火螈、火蜥蜴 | 分布：南欧及中欧

红蝾螈

活动季节：春、夏、秋、冬季
活动环境：温带森林、小溪、池塘、灌丛、河流

红蝾螈是一种砖红色陆栖蝾螈，栖息于北美东部林地。它的体形和蜥蜴相似，但体表没有鳞，是良好的观赏动物，常被当作宠物。它身上明亮的橙色或红色图案警告捕食者们其皮肤有毒，以在外出寻找食物时吓退天敌。

形态 红蝾螈全长10~15厘米，全身呈艳红状，成年后变成红黑并列状。有许多不规则圆形黑色的斑点，腹部较少。四个亚种均分布在美国东部，每个亚种外观类似，在尺寸和色彩上有细微差异。

习性 **活动**：经常活动于岩石下、木料和其他覆盖对象附近的溪流或冷泉中。成年个体经常在下雨的夜晚穿越道路。**食物**：以无脊椎动物和小型脊椎动物为食。夜间出来觅食，在一些地区的个体也吃其他蝾螈。**栖境**：山地或平地以及冷泉中。早春至初夏以陆地生活为主，夏季至冬季则生活在水中。

繁殖 6~9月交配繁殖。交配时雄性排出精英，然后雌性跨行过去，大约持续两分钟，一旦雌性吸收完精英，交配就算完成。10月左右开始产卵，雌性把卵产于岩石或木头底部，平均约70枚卵，12月初孵化。水生幼虫孵化后要经历27~31个月的蜕变过程，通常在4年里达到性成熟，寿命9~11年。

在水中孵化并繁殖，在陆地上度过生命的幼年阶段

无肺螈家族的一员，缺乏肺，通过皮肤呼吸

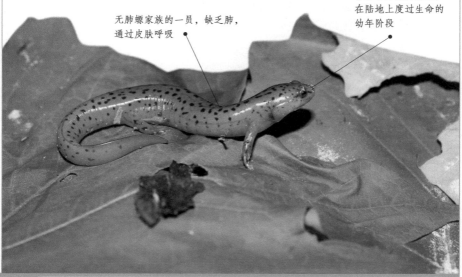

西班牙蝾螈 ▶ 蝾螈科，有肋蝾属 | *Pleurodeles walti* K.Michahelles | Iberian ribbed newt

西班牙蝾螈

每根肋骨的外部都有胶原蛋白纤维，能加快伤口愈合，还有强大的免疫系统防止伤口被感染

活动季节：春、夏、秋、冬季

活动环境：水质清凉、安静的溪流、河流和湖泊

西班牙蝾螈是欧洲体型最大的蝾螈，最神奇之处是在受到生命威胁时会将肋骨推出作为防御工具，同时肋骨上覆盖一层有毒的分泌物，之后在皮肤上并不会留下永久性伤口，能够很快恢复。

形态 西班牙蝾螈体型较大，体长可达30厘米，雌性比雄性更粗壮。背部呈深棕色或深灰色并有灰、褐、黄色等斑纹；腹部侧面为浅灰色，有深绿色和棕色锈状斑点；肋骨突出。头部扁平、铲状；口大；眼睛较大，突出，形如按钮。身体粗壮；四肢短粗；前肢各4指，后肢各5趾；尾巴较长，侧扁、厚实。幼体有外鳃，体表苍白色。

习性 活动：夜行性，夜间外出活动觅食，白天隐藏在潮湿的枯叶、原木等遮蔽物下休息；繁殖季节白天也变得非常活跃；夏季较干旱时到陆地上夏眠，冬季温度过低时会冬眠。**食物**：肉食性，以小型动物为食，如蜗牛和蠕虫等。**栖境**：陆地行走，但大部分时间都待在水中，在林中水洼、池塘、蓄水池、溪流中可见。

繁殖 每年春天繁殖。交配在水中进行，雄性将精荚放入雌性泄殖腔中完成受精。雌性每次产卵250~500枚，最多达1200枚；一般将卵产在水底的水草上。卵的孵化时间为8~10天；幼体约3个月完成变态发育，时间长短与水温有很大关系。

体表粗糙，有较大的颗粒状突起

别名：伊比利亚肋蝾螈、尖肋蝾螈 | 分布：伊比利亚半岛和摩洛哥

墨西哥蝾螈 ▶ 钝口螈科，钝口螈属 | *Ambystoma mexicanum* George Shaw | Axolotl

墨西哥蝾螈

活动季节：*春、夏、秋季，冬季温度较低时进入冬眠*
活动环境：*水质清凉、水生植被密集的湖泊*

　　墨西哥蝾螈是墨西哥独有的蝾螈种类，又叫六角恐龙，因其多变的体色、幼体性熟，以及"呜帕鲁帕"的奇特叫声而名声大噪，在宠物市场上深受追捧。

头部两侧有6根羽状外鳃，每侧3根，一般为红色，会随着食物不同而变化

形态 墨西哥蝾螈体型较大，体长15~30厘米，少数个体长达40厘米。头部扁平、钝圆；口大，牙细小；眼睛不发达，无眼睑。头部两侧有6根羽状外鳃，每侧3根。从头部后面延伸到泄殖腔有类似蝌蚪的脊鳍。体两侧有明显的肤褶；四肢不发达、细长，前肢各4指，后肢各5趾，足指细长。体表光滑无鳞，在水中用鳃、皮肤呼吸。体表颜色多变。

习性 **活动**：夜行性，夜间外出捕食，白天常藏匿于水生植物或原木、岩石下。**食物**：肉食性，以小型动物为食，如蠕虫、昆虫和小鱼小虾等，因视力不好主要依靠嗅觉潜伏捕食。**栖境**：墨西哥中部的霍奇米尔科湖和泽尔高湖，湖水温度较低，水质干净。一般栖息在水草茂密的湖底，便于隐藏和捕食，有时也藏匿在水底岩石缝中。

繁殖 每年3~4月进入繁殖期，繁殖是在水中进行的。一般雄性先产下精囊，雌性将其吸入泄殖腔完成交配，20个小时内雌性开始产卵，数量为200~400枚，被包裹在透明胶质中，雌性一般将卵产在岩石或水生植物上。卵经15~20天孵化成幼体，12~18个月后发育成熟可进行交配繁殖。寿命为10~15年。

多为黑色或马口铁棕色并有金色斑点，也有白色、粉色、金色等，有一定控制体色变化的能力

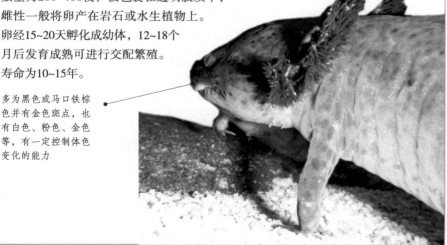

▶ 别名：六角恐龙、墨西哥钝口螈 | 分布：墨西哥中部

云石蝾螈

活动季节： 春、夏、秋季

活动环境： 潮湿林地、沼地或河川流经的潮湿沙地

云石蝾螈是陆栖的两栖蝾螈，与其他蝾螈不同，该种群交配产卵在陆地完成，仅幼体在水中完成变态发育。它行动迅速，适应能力强，幼体成熟较快。

雌性背部花纹是灰色的

形态 云石蝾螈体型较小，体长7~11厘米，雌性体型较大，雄性只有雌性的一半大小。头部扁平，钝圆；口宽大；体型细长；体表光滑，无鳞片；体两侧有明显的肤褶。四肢粗壮有力；前肢各4指，后肢各5趾。体表黑色，背部有暗灰色或银白色花纹，会随个体有较大差异。幼体水栖，有羽状外鳃；从头部延伸到泄殖腔有蝌蚪状的背鳍。

习性 活动：夜行性，白天常藏匿于洞穴内躲避天敌和休息，夜间外出觅食活动。**食物：** 行动迅速，以行动缓慢的蠕虫、蚯蚓、昆虫、蜗牛、蛞蝓等为食。**栖境：** 成体生活在陆地上，栖息于林地、沼地或河川流经之潮湿沙地中的倒木或岩石下方；幼体会随着降雨流至附近水域中。

繁殖 秋季交配繁殖，在陆地上进行，雄性将精囊放在地面上，雌性把精囊吸入泄殖腔中完成受精。雌性将卵产在潮湿的洞穴或树叶下，每次产卵50~100枚，一直守护在卵周围，保持卵的湿润。到冬季降雨期卵就可孵化，幼体会随雨水进入附近的河流。2~6个月后幼体发育成熟。寿命为8~10年或更长。

雄性背部花纹更偏向银白色

黑斑蝾螈　▶　蝾螈科，北螈属　|　*Lissotriton vulgaris* L.　|　Smooth newt

黑斑蝾螈

活动季节：春、夏、秋季，冬季进入冬眠
活动环境：森林、沼泽地或常绿灌木区

　　黑斑蝾螈不是濒危物种，但在欧洲仍受到法律保护，禁止杀戮和销售。在爱尔兰，未经许可捕获或杀死蝾螈是一种犯罪行为。

形态　黑斑蝾螈体型较小，全长7~9厘米。头部扁平；口大，雌性上唇略为突出；尾巴侧扁。雄性从背部延伸到尾部有十分发达的半透明参差不齐的背鳍，雌性的背鳍不明显。四肢细长，后肢比前肢略微粗壮。体表光滑无鳞，呈淡黄棕色或橄榄绿色，并有黑色斑点；身体腹面浅淡，呈橙色。幼体在头部两侧有羽状外鳃，从背部到泄殖腔有蝌蚪状背鳍，体表为淡棕色或橄榄绿色。

习性　**活动**：夜行性，昼伏夜出，白天隐藏在洞穴或落叶等遮蔽物下，夜间外出觅食。**食物**：以昆虫、蠕虫、软体动物等为食；幼体初始以浮游生物为食，后来以昆虫幼虫、软体动物为食。**栖境**：成体除了繁殖季节外，都在陆地栖息，在潮湿草原、森林、沼泽地或常绿灌木区内的岩石倒木下均见其踪影。繁殖季节成体更喜欢选择湖泊、池塘、水洼、沼泽等静止的水域，幼体则一直栖息在水中。

繁殖　每年2～5月从冬眠中苏醒进入湖畔、水洼中交配。雄性将精囊排出，雌性将其吸入泄殖腔中完成交配。几天后雌性开始产卵，产在水生植物的枝叶上，每天产卵约12枚，总共约400枚。约3周后开始孵化。3年左右性成熟。平均寿命为6年。

雄性背部至尾部间的
背鳍十分发达

黑斑蝾螈

| 金丝蝾螈 | ▶ | 无肺螈科，河溪螈属 | *Eurycea longicauda* Green | long-tailed salamander |

金丝蝾螈

活动季节*：春、夏、秋季，冬季进入冬眠*
活动环境*：沼泽地、潮湿山沟或涌水区*

金丝蝾螈主要靠皮肤来吸收水分，因此需要潮湿的生活环境，当气温达到摄氏零下以后会进入冬眠状态。

形态 金丝蝾螈体型细长，全长10~16厘米；尾巴细圆，长度约占全长的60%~65%。头部扁平；舌呈卵圆状，小且厚。身体较扁，体表光滑，腹部两侧有13~14个肋槽；四肢细长、发达；指间、趾间无蹼，指4趾5。体表、四肢有许多斑点，背部斑点不规则地排成2~3行虚线。体表一般为黄色、橙黄色、黄褐色甚至橙红色；幼体有黑色斑点。雄性有明显的突出触毛，雌性的触毛不明显。

习性 **活动**：夜行性，白天一般躲藏在朽木、枯枝、枯叶或岩石下，夜间外出觅食活动；在潮湿的黄昏或下雨的傍晚比较活跃。**食物**：肉食性，以岩石或堆积物下方潜藏的小型无脊椎动物、昆虫、甲虫、飞蛾、蝴蝶为食，幼体主要以水中无脊椎动物为食。进食后会变得比较活跃。**栖境**：沼泽、小溪、水洼等潮湿水气充沛的区域，在石缝、洞口、矿洞等潮湿处也见其身影。

繁殖 每年交配繁殖一次，多在秋末至初春。交配繁殖在水中进行，交配时双方会摩擦头部；雄性排出精荚，雌性将精荚放入泄殖腔中完成受精。雌性一次产卵60~110枚，通常会在浅水区中产卵，将卵产在水中水草或岩石等附着物上；卵的孵化时间与水温有关，多为4~12周。幼体约6个月完成变态发育，2年左右性成熟。野外寿命为5~10年。

体侧各有一排
黑色斑点，从
颈部延伸到尾
端，尾部斑点
更加明显

| ▶ | 别名：不详 | 分布：美国路易斯安那州东南部至密西西比河以东，南至佛罗里达州西南 |

加州红腹蝾螈

活动季节： *春、夏、秋、冬季*

活动环境： *海岸、山脉中的岩石、落叶或堆积物下*

加州红腹蝾螈具有鲜艳的体色，皮肤腺体会分泌神经毒素（河豚毒素），比氰化物要毒百倍。因身体有剧毒，该种群很少有天敌，但外来物种小龙虾的入侵和栖息地不断缩小使其数量不断减少。

体表可分泌剧毒

形态 加州红腹蝾螈全长13~20厘米，体型略大。头部扁平，呈铲状；有活动性眼睑；口中有牙齿，呈"∧"形排列两行。身体粗壮，没有肋骨间沟；四肢发达，前肢略长，各有4指，后肢比前肢粗壮发达，各有5趾；尾巴侧扁。体表粗糙，有颗粒；具有鲜艳体色，背部为红棕或浅棕色，腹部、喉咙部位呈橙红色。

习性 **活动**：陆生两栖动物，白天在地上爬行，遇到威胁时会反转身体亮出鲜艳腹部警告对方。**食物**：蚯蚓、蜗牛、蛞蝓、潮虫、红虫、蚊子幼虫、蟋蟀和其他无脊椎动物，以及鳟鱼卵。**栖境**：岩石缝、落叶、堆积物下稍微干燥环境；繁殖季返回水中。

繁殖 每年12月~翌年5月初繁殖，成体返回水域中，一般选择水流平稳、深度1~2米的水域。雄性先将精囊排出，雌性将其吸入泄殖腔中，完成交配，而后将卵产在水生植物的根部、水底岩石缝中或植物叶片上，一次产卵7~30枚。卵会在盛夏时孵化，时间长短会根据水温不同而相异。

▶ 别名：不详 | 分布：美国加利福尼亚州、内华达州

西部红背无肺螈

活动季节：春、夏、秋、冬季，深冬季会进入冬眠
活动环境：温带森林和岩石区

西部红背无肺螈如同名字一样没有肺，主要依靠皮肤和口腔内膜呼吸。与一般蝾螈不同，它生活和繁殖都在陆地上完成，主要在夜间进行。

形态 西部红背无肺螈身体全长10~20厘米，体型细长。头部扁平，类似铲状，口鼻处较尖，向后略宽；口大，有两排牙齿；有活动性眼睑。身体扁平，延伸至尾部逐渐变成侧扁，背部与体侧有明显的棱；体表光滑无鳞，布满液体。体两侧有明显的肤褶，有16个肋槽；四肢细长不发达，趾间具蹼。背部有条明显的条纹，颜色从红色到黄色差异较大；腹部两侧呈灰色或淡棕色，并有白色小点；个别个体通体呈铅灰色。

习性 活动：深秋和初冬时仍在地面活动，冬季温度较低时进入洞穴深处冬眠；夏季干燥时一般会夏眠，也有个体会迁移到比较潮湿的地方。**食物**：以小型无脊椎动物为主，如蚯蚓、蜗牛、蛞蝓、潮虫、红虫、蟋蟀和其他无脊椎动物；幼体主要以水生无脊椎动物为食。**栖境**：成体栖息在陆上，喜爱钻在温带森林的落叶、原木下或岩石缝中，一般在冷杉和其他混交林中较为常见。

繁殖 每年11月~翌年3月上旬交配繁殖，在陆地上完成。雄性产生精荚，雌性将其放入泄殖腔中。完成受精后雌性将卵产在岸边浅水中或陆上落叶下、原木下乃至地下，在野外很难发现。雌性每次产卵4~19枚；此后会守候在卵周围数周，直到幼体孵出。幼体水栖，经过变态发育后成长为成体，2~3年性成熟可进行交配繁殖。繁殖周期约为2年。

西部红背无肺螈

| 隐眼盲穴螈 ▶ | 无肺螈科，宽螈属 | *Eurycea spelaea* L.H.Stejneger | Grotto salamander |

隐眼盲穴螈

活动季节：春、夏、秋、冬季

活动环境：水质清凉的岩溶洞穴、淡水泉中

隐眼盲穴螈是莱昂哈德·赫斯史于1891年在欧扎克高原发现并命名的蝾螈种类，也是该地区迄今发现的唯一蝾螈种类。该种群生活的地下洞穴环境是脆弱的生态系统，很容易受到外界影响。

形态 隐眼盲穴螈可以长到约13厘米。成年雄性上唇处有一对触毛，下巴处有腺体，与求偶有关。眼睑关闭或保持半关闭状态，体表呈粉白色，尾巴、四肢、躯体两侧呈橙色；有16~19个肋槽。幼体较小，全长1~3厘米；褐色或灰紫色，有时身体两侧有黄色斑点；有外鳃和独特的高尾鳍；有功能性眼睛，可以生活在洞穴外部的溪水中，在变态发育中眼睛逐渐失去功能。

习性 **活动：**幼体生活在洞穴之外的溪水中，依靠眼睛进行活动、觅食；成体眼睛退化，终生生活在洞穴中。**食物：**以小型无脊椎动物为食，如钩虾、蠕虫、蚊子幼虫等，也吃鸟类粪便。**栖境：**幼体生活在洞穴入口附近的泉水、溪流中；成体栖息在岩溶洞穴内部深处，生活在5.5～16.5℃的水域中。

繁殖 每年春夏两季交配。雌性一般夏季产卵，产在岩石缝中；每次产卵13枚左右，会守候在周围直到幼体孵化出来。幼体1~3年性成熟，时间长短与当地温度和环境有关。在人工饲养下寿命约12年。

眼睛黑色，成年后丧失功能

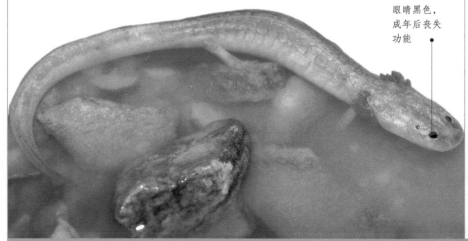

| ▶ | 别名：奥沙克盲螈 | 分布：美国，主要在奥沙克山脉 |

斑纹蝾螈  蝾螈科，欧螈属 | *Triturus marmoratus* Latreille | Marbled newt

斑纹蝾螈

活动季节：春、夏、秋季，冬季进入冬眠
活动环境：低海拔林地、沙地、沼泽、水洼等潮湿地区

斑纹蝾螈是欧螈属中体型较大的一种，最大特点是类似蛙类的绿黑组合体色，有记载的最大体长是17厘米。

形态 斑纹蝾螈体型较大，全长为12~16厘米。头部扁平、钝圆；口大；眼睛发达，有眼睑。身体前部扁平，至尾部逐渐转为侧扁。体两侧有明显的肤褶，前肢细长，后肢粗短，前肢各4指，后肢各5趾，无蹼。繁殖期雄性从背部到尾部会长出半透明背鳍，呈绿色、白色和黑色相间的斑纹。体表有绿色、褐色或黑色不规则斑纹，类似青蛙；腹部为黑色并密布白色斑点；雌性从头部到尾部尖端有橙色条纹；体表粗糙无鳞。

雌雄外表容易分辨，雄性个体在繁殖期会在脊背上长出延伸到尾尖的背鳍；雌性的背部有橙色条纹

习性 **活动**：夜行性，白天常藏匿于洞穴内或遮蔽物下躲避天敌和休息，夜间外出觅食活动。**食物**：以蚯蚓、蟋蟀、蠕虫、蜗牛、蛞蝓等昆虫和软体动物为食，成体有吃同类的习性。**栖境**：偏向于水栖，一般生活在水质清凉的小溪、小型湖泊、林间水洼等浅水区；在林间落叶、沙地中亦见；幼体水栖，经过变态发育后可上岸。

繁殖 每年初春成体会进入池洼、小型湖泊等水域中交配，约1~2个月后雌性开始产卵，将卵产在水生植物的根部、枝叶、水底岩石上；每年产卵200~250枚。约20天后孵化，3~4个月幼体可以上岸；2~3年发育成熟可进行交配。

穴河溪螈　▶　无肺螈科，宽螈属　|　*Eurycea lucifuga* C.S.Rafinesque　|　Spotted-tail salamander

穴河溪螈

活动季节： 春、夏、秋、冬季

活动环境： 石灰岩或其他钙质岩地区

　　穴河溪螈是比较神秘的无肺蝾螈，但迄今尚欠缺良好的观察和记录，尤其是交配繁殖情况。科学家通过观察人工饲养的穴河溪螈了解到它同样存在类似其他蝾螈的求爱动作。在野外，很难见到穴河溪螈的卵，因为它们一般会将卵产在岩缝中或水底淤泥中。

形态　穴河溪螈是体型较大的无肺蝾螈，大小不等，身体全长10~20厘米，尾巴长度占身体全长约60%。头部扁平、铲状；口大；眼睛发达，有活动性眼睑。身体扁平，体表光滑无鳞片，布满黏液。体两侧无肤褶，有14~15个肋槽；四肢细长，无蹼。尾圆形，强壮有力。体表呈鲜艳的橙红色或黄色，密布黑色斑点；腹部颜色较浅，呈半透明状，无斑点。

习性　**活动：** 夜行性，昼伏夜出，白天隐藏在岩石缝或其他掩蔽物下，夜间外出捕食活动。**食物：** 以无脊椎动物为主，如蜗牛、介形类、桡足类、等足目、蜉蝣、石蝇、甲虫和苍蝇等。**栖境：** 裸露的石灰岩或其他钙质岩地区，特别是岩壁、悬崖、溶洞的岩石缝隙中，有时也出现在森林峭壁或泉水附近。

繁殖　每年夏秋是交配繁殖季节。雄性会先表演求偶动作，被接受时会排出精囊；雌性将精囊放在泄殖腔中完成受精。交配完成后雌性会长时间在一个地方产卵，从9月到翌年2月，会将卵产在洞穴的岩石缝隙、水底淤泥中，防止被天敌发现。每次产卵5~120枚。幼体从孵化到完成变态，需要6~18个月，时间长短随温度发生变化。

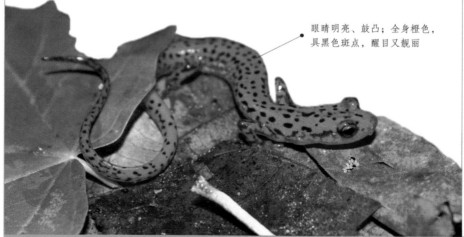

眼睛明亮、鼓凸；全身橙色，
具黑色斑点，醒目又靓丽

▶　　别名：不详　|　分布：美国东部和南部

PART 3
070~109页

无尾目

黑斑蛙

活动季节：春、夏、秋季

活动环境：稻田、池塘、湖泽、河滨、水沟

　　黑斑蛙能吞食大量昆虫，1昼夜捕虫可达70余只，是消灭田间害虫的有益动物。成体和卵多被用为教学和实验材料。据《本草纲目》记载，亦可作药用。

形态 黑斑蛙体长7～8厘米，雄性略小。吻钝圆而略尖，眼间距很窄。前肢短，指端钝尖；后肢较短而肥硕，趾间几乎为全蹼。皮肤光滑，背面为黄绿或深绿或带灰棕色，上面有不规则的数量不等的黑斑，背中央常有一条宽窄不一的浅色纵脊线，由吻端直到肛部；四肢背面有黑色横斑；腹面皮肤光滑呈鱼白色。雄性有一对颈侧外声囊，鸣叫时膨胀呈球状。蝌蚪体型大，全长达50～60毫米，呈灰绿色，尾部较细弱、端部尖、有斑纹。

习性 **活动**：属变温动物，喜温湿有遮阳的水草或水草丛生的环境，最适宜生长温度为22～30℃，捕捉飞蛾等昆虫的能力特别强。一般11月开始冬眠，钻入向阳的坡地或离水域不远的田地，翌年3月中旬出蛰。**食物**：以飞蛾等昆虫为食，捕食能力非常强，1昼夜能捕虫70余只，是消灭田间害虫的有益动物。**栖境**：水稻田、溪边、池塘边，尤其是沼泽水域浅水区。

繁殖 每年4～7月为生殖季节，产卵高潮在4月间。雄蛙一般在降雨前后和黄昏时开始鸣叫，引诱雌蛙抱对产卵。卵多产于秧田、早稻田或其他静水域中，偶尔也在缓流水中产卵。每一卵块有卵2000～3500粒，多浮于水面，卵径1.7～2.0毫米。蝌蚪体笨重，尾肌弱，尾鳍发达，尾末端尖圆，经2个多月完成变态。

* 成体背部颜色为深绿色、黄绿色或棕灰色，具有不规则的黑斑

▶ | 别名: 不详 | 分布: 日本、朝鲜、俄罗斯及中国江苏、浙江、江西、湖南、湖北、安徽、山东、山西

| 虎皮蛙 | ▶ | 蛙科，虎纹蛙属 | *Rana rugulosa* Wiegmann | Tiger frog |

虎皮蛙

前后肢有横斑——这些斑纹看上去略似虎皮，故得名

活动季节：春、夏、秋季

活动环境：稻田、水池、沟渠

虎皮蛙又叫"水鸡"，个头魁梧壮实，又称"亚洲之蛙"。令人难以置信的是它能吃泽蛙、黑斑蛙等蛙类和小家鼠，看来不仅长了一身虎纹，也的确是蛙类中的"猛虎"。它可供人类食用，著名的广东菜式有田鸡煲仔饭，但由于过度捕猎及栖息地遭破坏，野生种数量已变得极为稀少，被列为国家Ⅱ级重点保护动物。

形态 虎皮蛙雌性比雄性大，体长可超过12厘米，体重250～500克。皮肤较粗糙，头部呈三角形，头部及体侧有深色不规则的斑纹。口十分宽大，眼睛位于头的背侧或头两侧。背部呈黄绿色略带棕色，有十几行纵向排列的肤棱，其间散布小疣粒。腹面白色，也有不规则斑纹，咽部和胸部还有灰棕色斑。前肢稍短，各有4指；后肢较长，各有5趾，趾间有蹼。雄蛙具外声囊一对，能扩大喉部发出如犬吠一样的洪亮叫声，吸引雌性。蝌蚪大型，全长可达5厘米，尾长为体长的两倍。

习性 **活动**：白天多藏匿于深浅、大小不一的各种石洞和泥洞中，仅将头部伸出洞口，如有食物活动，则迅速捕食之，若遇敌害则隐入洞中。雄性还占有一定的领域，当发现其他同类在领域中活动时，便很快跳过去将入侵者赶走。**食物**：主要以鞘翅目昆虫为食，其他包括半翅目昆虫、鳞翅目昆虫、蜘蛛、蚯蚓、虾、蟹、泥鳅等，还吃泽蛙、黑斑蛙等蛙类和小家鼠。**栖境**：丘陵地带海拔900米以下的水田、沟渠、水库、池塘、沼泽地等处。

繁殖 冬眠苏醒后立即进行繁殖活动，5～8月为繁殖旺盛期。在水中进行体外受精，卵孵化后成为蝌蚪，经过变态发育为蛙，然后到陆地生活。

水生青蛙，生性机警

▶ 别名：水鸡、田鸡、虾蟆 | 分布：泰国、柬埔寨、老挝、缅甸和中国

牛蛙 ▶ 蛙科，蛙属 | *Rana catesbeiana* Shaw | American bullfrog

牛蛙

活动季节：春、夏、秋季

活动环境：静水及其附近

吻端尖圆面钝

通常背部及四肢为绿褐色带有暗褐色斑纹

牛蛙为独居的水栖蛙，为北美最大的蛙类，叫声大且洪亮，酷似牛叫。它是世界著名的肉用型蛙类，体大肉肥，味道鲜美；蛙皮可制革，加工后的皮革经染色处理可制精美的皮鞋、手提包及手套等；蛙油还可制作高级润滑油——它真是为人类奉献了一切。

形态 牛蛙体型较大，雌蛙体长达20厘米，雄蛙达18厘米，最大个体可达2千克以上。头部宽扁；口大；眼球外突，下眼睑上有一个活动性瞬膜，可将眼闭合。背部略粗糙，有细微的肤棱。四肢粗壮，前肢短，无蹼；后肢较长大，趾间有蹼；雄性个体第一趾内侧有一明显灰色瘤状突起。肤色随着生活环境而多变，头部及口缘鲜绿色；腹面白色；咽喉下部雌性多为白色、灰色或暗灰色，雄性为金黄色。

习性 **活动**：多分散活动，白天隐蔽，夜出觅食。**食物**：食性很广，包括无脊椎动物、鱼、蛙、蝾螈、小龟、小蛇、鸟类、鼠类等。生性贪婪，生长季节食量较大，最大胃容可达空胃容的10倍；生性凶残，经常大蛙吃小蛙。**栖境**：水生植物比较丰富的小湖、永久性的池塘以及邻近有矮树丛的浅水域内。

繁殖 夏季繁殖，出蛰后2～3周雌蛙开始产卵，每年产卵1万～2万粒。卵径约2毫米，卵产出遇水后即分散成片状，多浮于水面或黏附在水草上。后期蝌蚪全长为11～16厘米，以硅藻、水藻和昆虫幼虫等为食，当年或第二年完成变态。

原产于美国东部数州，1959年从古巴、日本引进我国内陆

▶ 别名：喧蛙、美国牛蛙 | 分布：原产于美国东部数州，后被引进西部各州和其他国家

| 非洲牛蛙 | ▶ | 箱头蛙科，箱头蛙属 | *Pyxicephalus adspersus* J.Tschudi | African bullfrog |

非洲牛蛙

活动季节： 一年四季

活动环境： 热带和亚热带稀树草原、灌木丛、耕地、水泊等

非洲牛蛙是世界上第二大蛙类，仅次于喀麦隆巨蛙。该种群适应能力强，沙漠、草原、高山等环境都可以生存。它攻击性强，凡能入口的东西都不会放过，甚至受到威胁时会攻击人类，发出响亮的叫声来求偶或吓退敌人。

眼大且突出，位于头部左右两侧，具上下眼睑

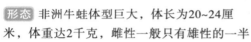

形态 非洲牛蛙体型巨大，体长为20~24厘米，体重达2千克，雌性一般只有雄性的一半大。头部呈三角形，吻端稍尖；口宽大、横裂，由上下颌组成；眼大且突出。前肢各4指，后肢各5趾，前掌无脚蹼，后掌有脚蹼。背部呈翠绿色、绿色、牛油色乃至灰白色；下巴和下腹部奶白色带有褐斑。雄性体侧会有大范围黄色，有时延伸至喉咙，繁殖季节更加明显；雌性只在腋下有黄色，背部有条黄色体线从头部延伸到后肢部位。幼蛙体色十分丰富，与成蛙的体型相差很大。

习性 **活动：** 跳跃能力极强，一次能达3米以上；攻击性强，受到威胁时会攻击人类。**食物：** 肉食性，食物包括昆虫、小鸟、小型爬行动物、两栖动物、啮齿动物，有时同类相食。**栖境：** 热带和亚热带稀树草原、湿草原、灌木丛、间歇性淡水湖泊和沼泽、耕地、牧场、运河、沟渠等，甚至栖息在沙漠边缘及高山上。

繁殖 每年雨季繁殖，在水洼中交配，雄性将精子排在卵堆上完成受精，雌蛙一次产卵3000~4000枚。雄性留下照看受精卵。2天左右受精卵会孵化成蝌蚪，3周左右完成变态发育上岸。寿命为10~15年。

能够长期忍受酷暑与低温，在极端天气里可以夏眠，身体进入低代谢和保湿状态

▶ 　**别名：** 非洲牛箱头蛙 | **分布：** 非洲东部、中部、南部地区

棘胸蛙 ▶ 蛙科，蛙属 | *Quasipaa spinosa* David | Chinese spiny frog

棘胸蛙

活动季节：春、夏、秋季

活动环境：山溪水坑、石洞岩隙

棘胸蛙是中国特有的大型野生蛙，主要分布在南方，是南方丘陵山区生长的一种名贵山珍，因其肉质细腻且富含矿物质元素而被美食家称为"百蛙之王"。

形态 棘胸蛙体大而粗壮，成蛙体长10～13厘米，个别达15厘米。全身灰黑色，皮肤粗糙。头扁而宽，吻端圆，吻棱不显；鼻孔位于吻与眼之间；眼间距小于鼻间距；两眼后端有横置肤沟，颞褶极显著；两眼间有一黑横纹，上下唇边缘有黑纵纹。雄大雌小，雄蛙背部有成行长疣和小型圆疣，有一对咽侧内声囊。前肢粗壮，指端膨大呈圆球形，指侧有厚缘膜。后肢肥硕，胫跗关节前伸可达眼部，跗褶明显，趾间全蹼。雌性前肢不如雄性发达，背部散布小型圆疣，腹部光滑有黑点。

习性 **活动**：畏光怕声，跳跃能力很强，弹跳高度可达1米。傍晚时爬出洞穴，在山溪两岸或山坡的灌木草丛中觅食、嬉戏，异常活跃，但活动范围不大，多在洞穴周围20～30米，夜深时返回洞穴。一般在霜降后开始冬眠，惊蛰前后水温15℃以上时陆续复苏，冬眠期约100天。**食物**：以动物性食物为主，其中又以昆虫及其幼体占大多数。**栖境**：深山老林的山洞和溪沟的源流处，尤喜栖居在悬岩底的清水潭以及有瀑水倾泻而下的小水潭，或有水流动、清晰见底的山间溪流中。

繁殖 每年4～9月繁殖，1年多次产卵。其产卵量与个体大小、水温及性腺发育状况而有差异。交配一般在晚上进行，抱对时，雄蛙骑伏在雌蛙背上，用其前肢紧抱，精、卵同时产出体外进行体外受精。

全身被灰黑色，皮肤粗糙，背部有许多疣状物

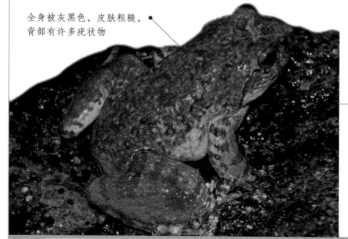

喜穴居，是南方丘陵山区生长的一种名贵山珍，被誉为"百蛙之王"

金线蛙

活动季节：春、夏、秋季

活动环境：池塘、湖沼、鱼塘、荷花池

　　金线蛙包括金线侧褶蛙、福建侧褶蛙、湖北侧褶蛙三个物种，主要分布在我国东部地区，是常见蛙类之一，也是经济价值较大的蛙类资源。

形态 金线蛙体型大而肥硕，雌蛙体型比雄蛙大很多。头长约等于头宽，吻端钝圆。鼓膜大而明显，棕黄色。背部绿色杂有一些黑色斑点，有两长条褐色斑，从吻端一直延伸到泄殖腔口，形成明显的绿色背中线。体侧绿色有些黑斑，两侧各有一条粗大的褐色、白色或浅绿色背侧褶。皮肤光滑；腹部光滑，黄白色带有一些棕色点。前肢指细长无蹼。后肢粗短有黑色横带，趾间蹼发达为全蹼。股部内侧黑色有许多小白斑。雄蛙有一对咽侧内鸣囊，第一指有婚垫，有雄性腺。

习性 **活动**：生性隐秘机警，水栖性，多半藏身在水生植物叶片下，仅露出头来观察四周动静，受到干扰马上跳入水中。雄蛙叫声很小，为很短促的一声"啾"，不容易听到。**食物**：以捕食昆虫为主，喜食负子蟾、螺、虾等。**栖境**：海拔1000米以下的开垦地草泽环境，藏身在长有水草的蓄水池或遮蔽良好的农地，如漂着浮萍的稻田、芋田或茭白笋田。

繁殖 雌蛙怀卵量与自身体重和体长呈正相关。每次产卵约850粒，聚成块状，卵粒小，卵径约1毫米。蝌蚪褐绿色，有许多深褐色斑点。自受精卵期至鳃盖完成期共分26个时期。

背部及体侧有些疣粒

| 中国雨蛙 | ▶ | 雨蛙科，雨蛙属 | *Hyla chinensis* Günther | Common Chinese tree frog |

中国雨蛙

活动季节：春、夏、秋季，冬季进入冬眠

活动环境：低海拔池塘、灌丛、稻田、林中乔木和灌木地区

中国雨蛙主要分布在我国东部地区，数量众多，每年3~4月出蛰，在雨后众蛙齐鸣，声音响亮，求偶繁殖。

形态 中国雨蛙体型较小，雌性略大于雄性，雄性体长约28毫米，雌蛙约39毫米。头部扁平、宽大，呈三角形，头宽大于头长；吻宽圆且高，吻棱明显；眼睛大且突出，位于头部两侧；舌头较大且圆厚。四肢细长，前肢约为体长的一半，指端均有吸盘及横沟，基部微具蹼。背面皮肤光滑；腹部密布扁平疣。背部为绿色，体侧及腹部为乳白色，眼后角至肩上方为深棕细线纹所包绕；体侧有黑斑点相连成粗黑线或断续排列成行；蚓足为棕色。

习性 活动：每年9~10月进入冬眠，翌年3月苏醒。白天匍匐在叶片上、石隙或洞穴内，黄昏或黎明活动频繁，夜晚栖息在路旁灌木上。食物：以蝽象、金龟子、叶甲虫、象鼻虫、蚁类等为食。栖境：海拔200~1000米的灌丛、水塘芦苇以及玉米、小麦等高秆作物上或池塘、稻田边的杂草上。

繁殖 每年4~6月在静水域内抱对交配产卵，一般发生在雨后傍晚，雄性叫声洪亮高亢。雌性每次产卵数百枚，黏附在水草上。卵发育得很快，1~2天后会孵化为蝌蚪，经过3~4周可以完成变态发育上岸。

雨后会众蛙齐鸣

鼓膜圆且清晰

▶ | 别名：绿猴 | 分布：越南，中国河南、湖北、安徽、江浙、湖南、江西、福建、台湾、两广

无斑雨蛙

活动季节： 春、夏、秋季，冬季冬眠
活动环境： 低海拔山涧小溪、池塘、水洼、稻田

无斑雨蛙在中国分布广泛，除内陆干旱地带其他地区均见，数量众多。该种群喜欢晒太阳，在雨后向阳坡可见其身影，并具有亲水性。它可以入药，治疗一些湿癣等。目前面临的主要威胁是农药污染和栖息地不断减少。

颜色美丽，容易融入草木茂盛的环境中

形态 无斑雨蛙体型较小，雌性略大于雄性，雄性体长30~40毫米，雌性体长40~50毫米。头部扁平，呈三角形；吻圆且高，吻棱明显；口宽大；鼓膜圆；舌圆厚；眼大且突出，位于头部两侧。后肢比前肢粗壮且较长；指端有吸盘及横沟，微具蹼。体色会随着季节而发生变化，夏季背部为绿色或有斑纹，秋季变褐色；体侧为黄色，腹部为乳白色。雄性有外声囊和雄性线。

习性 **活动：** 每年4月出蛰，10月冬眠。喜欢晒太阳，有亲水性，旱季在水塘附近活动。**食物：** 小型节肢动物、蛛形动物及膜翅类，如蜘蛛、苍蝇、甲虫等；能快速跃起捕食，弥补体型小的缺点。**栖境：** 阳坡地面或灌木枝、山涧小溪流、稻田、池塘旁边草丛、石缝间，下雨或夜晚栖息在灌木丛或稻丛中。

繁殖 每年5月中旬会在雨后夜晚抱对交配产卵，雄蛙直接将精子射在卵群水面上；产卵期约15天；每次产卵20~70枚，每年产卵500~1000枚。产卵完成后，成体会分散离开；受精卵群会依附在水底，经过5~7天孵化为蝌蚪，背部黑色，腹部白色；15~20天完成变态发育成幼蛙，7~8月份成为成蛙。

背面皮肤光滑，颗褶明显，腹面密布扁平疣

▶️　别名：绿蛤蟆、绿猴、雨呱呱、邦狗　|　分布：欧洲、非洲、亚洲，中国大部

| 金色箭毒蛙 ▶ | 箭毒蛙科，叶毒蛙属 | *Phyllobates tembilis* M.D.& B.M. | Golden poison frog |

金色箭毒蛙

活动季节： 春、夏、秋、冬季

活动环境： 降雨充沛、湿度较大的雨林

金色箭毒蛙被认为是最迷人的金色动物之一，该种群体表有剧毒，是箭毒蛙中毒性最大的，一只身体里所含毒素有2毫克，而只要0.2毫克就足以致命。安巴拉人会将毒素涂抹在武器上进行捕猎，被浸泡过毒液的毒镖上的毒性可以保持两年。

形态 金色箭毒蛙是箭毒蛙中体型最大的，成体体长可达55毫米，雌性比雄性大。头部扁平，呈三角形；眼睛较大且突出；吻端稍尖。皮肤光滑，无颞褶；四肢细长，后肢比前肢长，指端有细小吸盘，微具蹼。体表鲜艳，全身是鲜明的黄色、橘红色、金属绿色、浅绿色或白色。

习性 活动：一般以不超过6只群居；天敌较少，胆子较大，白天可见。**食物：** 以白蚁、甲虫等小型昆虫和无脊椎动物为主；拥有极佳的视力和智力，依靠长舌头粘住猎物拖回口中。**栖境：** 原始栖息地在哥伦比亚西北部降雨量充沛、湿度很大的雨林中，一般栖息在树叶、原木或落叶上。

繁殖 在陆地上抱对产卵，雄蛙将精液洒在卵子团周围进行体外受精，每次产卵10~15枚。成蛙将受精卵放在树叶下，一直守候等蝌蚪孵化，并将小蝌蚪黏附在背部带入池塘中。幼体成长速度快，约一年半后可成长为成蛙。

体表腺体
分泌毒素

眼睛位于头部两侧，眼间距大于
鼻间距，有活动性眼睑

▶ 　别名：不详 | 分布：南美洲哥伦比亚西北部

花箭毒蛙

活动季节： 春、夏、秋、冬季

活动环境： 热带草原、热带雨林等潮湿地方

　　花箭毒蛙体型较大、颜色多变，是宠物市场中经久不衰的宠儿，随着地域性变化体色变异逐渐增加，更加增加其观赏性。上百年来，亚马孙土著代代相传：用染色箭毒蛙的表皮和血液把鹦鹉的绿色羽毛染成其他颜色，这也是其别名"染色箭毒蛙"的由来。

形态 花箭毒蛙体型较大，是箭毒蛙中体型最大的种类之一，体长为34~50毫米，雌性比雄性体型大。头部扁平，略呈三角形；吻端稍尖，口宽大，横裂；眼睛大且突出，位于头部两侧，眼间距大于鼻间距，上下有活动性眼睑；眼后各有一个圆形鼓膜。躯干扁平，体表有毒腺分泌毒素；四肢细长，指端有较大吸盘，雌性吸盘呈圆形，雄性呈心形，微具蹼；雌性背部较圆但有较大的褶，雄性呈流线型。体色多种多样，一般以黑色为主，背部、腹部、头部、胸部有各种不规则的黄色、白色条纹；另外也有以蓝色、白色或黄色为主要体色的个体，腹部、腿部、体侧有淡蓝色、天空蓝灰色、蓝色、深蓝色或紫色等斑纹，并夹杂着黑色小圆点。

习性 **活动**：白天活动，夜间在离地1~2米的树枝上栖息；无社会性，同类之间会打斗致死。**食物**：以蚂蚁、果蝇等小型昆虫为主。**栖境**：原生栖息环境是热带雨林、热带草原等潮湿、降雨充沛的地方，栖息在离地1~2米的树叶上。

繁殖 成体交配在陆地上进行。雌雄抱对，雌蛙将卵产在地面上，雄蛙直接将精子射在卵上完成受精。每次产卵8~15枚，经过两星期孵化为蝌蚪，2个月后蝌蚪发育成幼蛙，10~14个月成长为成蛙。寿命约为8年。

花箭毒蛙

蓝箭毒蛙

活动季节： 一年四季

活动环境： 热带雨林、热带草原等湿润地区

蓝箭毒蛙是箭毒蛙家族的重要一员，是世界上毒性最大的动物之一。毒素被储藏在皮肤之中，通过接触就可使对方中毒。其毒性主要来自于食物，它会将食物中的毒素转化为自身的毒素，人工饲养时毒性会慢慢消失。走私、栖息地减少使得其数量急剧下降，目前濒临灭绝。

体色呈蓝宝石色，毒素存储在皮肤之中，释放一次毒液便能杀死10人

形态 蓝箭毒蛙体型中等，体长3~4.5厘米，体重约8克，雌性比雄性大。头部扁平，略呈三角形；吻端稍尖，口宽大，横裂；眼睛大且突出，位于头部两侧，眼间距大于鼻间距，上下有活动性眼睑；眼后各有一个圆形鼓膜。体表光滑，有毒腺分泌毒素；四肢细长，下肢四趾，上肢指端有较大吸盘，雌性吸盘呈圆形，雄性呈心形，微具蹼；背部弓形但有较大的折。体表呈明亮深蓝宝石色，密布黑色圆点，背部的黑点较大，靠近腹部的圆点较小；四肢颜色较深。

习性 **活动：** 亲水性，通常生活在距离水源不远处；白天活动，夜间栖息在树叶、树枝等遮蔽物下。**食物：** 虫食性，在野生环境中主要捕食昆虫、蚂蚁、蛆、蜘蛛、毛虫、白蚁等。**栖境：** 原生栖息地在热带雨林、热带草原，降雨量充沛、湿度较大，终年温度在20℃以上，大部分时间栖息在树上或其他离开地面的物体上。

繁殖 每年2~3月降雨充沛期间交配繁殖。雄性用叫声吸引异性；在水中雌性先将卵排出，雄性将精子产在卵上。交配完成后，雄性会继续照看受精卵，直到受精卵孵化为蝌蚪；蝌蚪2年后性成熟可繁殖后代。寿命为5年左右，人工饲养时可达10年。

蓝箭毒蛙

红眼树蛙 ▶ 雨蛙科，红眼蛙属 | *Agalychnis callidryas* Cope | Red-eyed tree frog

红眼树蛙

体色容易和背景
"合为一体"

活动季节：春、夏、秋季

活动环境：热带雨林

　　红眼树蛙是一种非常罕见的蛙，观赏性极
高：猩红且充满活力的红色双眼，背部一片鲜艳的
亮绿，再加上身体两侧那无比吸引人的澄蓝色以及橘
红色的脚趾——这些色彩常被称作"闪光色"，会吓走
它们的天敌。

形态 红眼树蛙体型中等大小，长为5～7.5厘米，周围覆
盖树皮或地表一样的保护色。背部表面是变化的绿色，腹
表面白色。眼睛大大的，突出，橙色。体侧边是紫色或蓝色
的，脚趾橙色带白色条纹。

习性 活动：完全夜行性，技艺超高的高空工作者，脚趾末端具有
可分泌一种特殊黏液的吸盘，助其在光滑表面自由地行走，特殊的
喉腺和腹腺也分泌这种黏液，对捕食大有帮助。**食物**：苍蝇、飞蛾、蚂蚱、蟋蟀和
其他小青蛙，以及任何能够塞进口中的动物及昆虫，包括同类幼体，但都要是活
体——不移动的"食物"它是无法察觉的。**栖境**：哥斯达黎加、中美洲和南美洲的
热带雨林中。

繁殖 雌蛙会把受精卵放到背上一个特殊的皮袋中，随后把受精卵放在叶子下
面。一至两个星期后，蝌蚪孵化并蠕动到达叶子下面的水池里，并在其中慢慢发
育成成蛙。

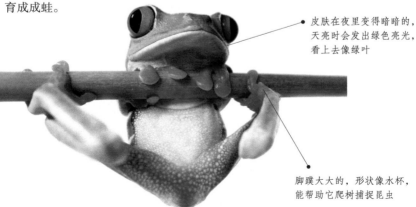

皮肤在夜里变得暗暗的，
天亮时会发出绿色亮光，
看上去像绿叶

脚蹼大大的，形状像水杯，
能帮助它爬树捕捉昆虫

▶ 　别名：不详 | 分布：中美、南美洲及墨西哥南部

黑蹼树蛙

活动季节： 春、夏、秋季

活动环境： 水塘附近的乔木、灌丛、草丛

　　黑蹼树蛙分布广泛，见于东南亚诸国和我国广西、云南等地热带季雨林中，被列为生存受到威胁的物种，因为环境恶化，其生境已不足2000平方千米；此外，还有少量被捕捉用于宠物贸易。

形态 黑蹼树蛙体长5~8厘米，体细长而扁平；头长宽几相等。雌蛙吻端圆而高，雄蛙的略尖圆；吻棱极显著；鼻孔略近吻端，眼间距大于鼻间距及上眼睑之宽；鼓膜为眼径的2/3。前肢长，体背皮肤平滑，体侧、胸腹及股后满布小圆疣，股腹面小圆疣间杂以较大的圆疣。身体背面全为绿色，部分个体有深蓝绿色斑纹或白色斑点，腋部有一大黑斑，体侧有灰黑色细网纹，腹部黄色。四肢修长具绿色横纹，指间的蹼发达，具有黑色斑点。

习性 **活动：** 昼行性。**食物：** 以苍蝇、飞蛾、蚂蚱、蟋蟀等为食。**栖境：** 海拔约1000米的热带季雨林中水塘附近的乔木、灌丛、草丛上，干旱季节分散于森林里，雨季则大量地出现在水塘附近的乔木、灌丛、草丛上，甚至公路路面上。

繁殖 每年6月繁殖，雄蛙会高声鸣叫求偶，一雌多雄交配，雌蛙会排出白色卵泡，雄蛙排出精液，用蹼搅动以期达到充分受精的目的。其他信息不详。

与纤巧的身形相比，显得头大，眼睛大，嘴巴极宽

趾蹼外缘为浅黄色外，基部呈黑色

老爷树蛙

活动季节：春、夏、秋季

活动环境：潮湿树林

有一双又大又黑的眼睛
和一张大大的口

在众多宠物树蛙中，老爷树蛙可谓是个
奇怪的家伙。它成体肥大圆厚，前额两侧有
下垂的皮肉，有个宽阔微微向上的嘴巴，活
像个傻笑的老爷子，因而有"老爷蛙"之称。

形态　老爷树蛙体型肥胖，成体长5～10厘米，外形怪异。眼睛虹膜呈金色，瞳孔
呈水平形态。体色大部分时间如翡翠般淡绿或透着淡淡的蓝色，但在阴暗环境中
可转成墨绿色，当环境不适或情绪不安时会转成褐色。部分的背上会长出奶油色
斑点，腹部一律奶白色。趾端有大型且发达的吸盘，可吸附在光滑表面。

习性　活动：多夜间活动，白天躲藏于阔叶树的叶片下。受惊时行动敏捷，可以
跳得很远但并不会跳得很高，也没法做出连续跳跃的动作。平时给人感觉懒洋洋
的，趴在枝叶上发呆，尤其在下午，会长时间待在同一位置。**食物：**在野外食用
多种昆虫，也吃多数活动且能够塞进口中的动物，包括同类幼体。**栖境：**潮湿树
林至人类居住的郊区，在洗手间、浴室等较潮湿的地方也可发现它。

繁殖　卵生。2年达性成熟，雌性每次产卵150～300枚，卵径约1.2毫米。

体形肥胖可爱，行动敏捷，善攀爬及跳跃

身体可以由暗淡的
灰色至鲜艳的青蓝
绿色

▶　别名：巨人树蛙、绿雨滨蛙　|　分布：原产于澳大利亚和新几内亚，后引入美国和新西兰

钟角蛙

活动季节：春、夏、秋、冬季

活动环境：南美温暖且干燥的大草原地带

　　钟角蛙外形憨态可掬，是全世界最普遍的宠物蛙。在日本该种群被叫作"招财蛙"，因其可爱的外形与招财猫类似。它攻击性强，凡能吃到嘴里的猎物从来不会放过。人工饲养时繁殖比较困难，很少有成功案例。

形态　钟角蛙体型中等，雌性比雄性大，雄性体长可达11.5厘米，雌性体长可达14.5厘米。头部扁平，头大，可占到身体的一半；口大，钝圆；眼大且凸出，位于头部两侧，眼上突起发达，有活动性眼睑。腹部肥大；四肢短粗，不发达，后肢有发达的蹼，雄性有婚姻垫；全身皮肤布满细长的疣粒，腹部有扁平疣。体色有褐、橘、绿、灰白等，背部斑纹较大，一般会对称分布；腹部呈乳白色，喉咙、腹部有黑色斑纹，雄性喉咙有黑色鸣囊。

习性　**活动**：昼行性。会静静地等待猎物；旱季进入睡眠。**食物**：生性凶猛，贪吃，捕食蛇、蜥蜴、蛙类、小型哺乳动物、昆虫、蜘蛛等。**栖境**：热带草原地区，尤其湿度较大、温度较高的潮湿泥塘、苔藓、泥洼、树叶上等阴暗潮湿处。

繁殖　每年冬眠过后成蛙会在雨季繁殖。交配在水中进行；体外受精，雌蛙会将卵产在水生植物附近，使卵依附于植物上；雄蛙直接将精子产在卵上，完成受精。受精卵经过2~3天孵化成蝌蚪，经过1个月时间成长为幼蛙。

眼睛看不见静止的猎物

大嘴几乎占据身体的一半，甚至吃同类

霸王角蛙 ▶ 薄趾蟾科，角蟾属 | *Ceratophrys cornuta* L. | Surinam horned frog

霸王角蛙

活动季节：春、夏、秋、冬季

活动环境：温暖、潮湿的大草原地带

　　霸王角蛙身体矮胖，看起来如同粽子一般，在宠物市场上身价达到数千元，是炙手可热的宠物。

蝴蝶状的棕色花纹，斑纹一般对称分布

外形与钟角蛙类似

形态 霸王角蛙体型中等，体长为6~10厘米，雌性比雄性大。头部扁平且较大；口大，钝圆，可占到身体的一半；眼大凸出，位于头部两侧。腹部肥大；四肢短粗，不发达，后肢有发达的蹼，雄性有婚姻垫；全身皮肤布满细长疣粒，腹部有扁平疣。体色有褐、橘、绿、灰白等；腹部呈乳白色，喉部呈整片深黑色，雄性喉咙有黑色鸣囊。

习性 活动：生性凶猛，晚上活动，白天隐藏在隐蔽处以防烈日和敌害。**食物**：捕食蜥蜴、蛙类、小型哺乳动物、昆虫、蜘蛛等，甚至会吃同类；贪吃，凡能吃到嘴的食物从不会放过，埋伏型捕猎，静静地等待猎物经过，但看不见静止的猎物。**栖境**：水塘、溪流、泥洼等水源周围的潮湿地带落叶层，湿度较大，一般在85%以上；温度较高，26~29℃；较阴暗。

繁殖 每年4~7月从冬眠中苏醒，雨季来临时繁殖。在水中交配，雄蛙靠叫声吸引雌蛙。抱对产卵，体外受精，雄性将精子排在雌蛙产出的卵上。卵会被固定在水生植物上。每只雌蛙每年产卵300~500枚，1~2天后孵化为蝌蚪，一个半月后能发育成幼蛙。寿命约5年。

眼上突起发达，类似倒扣的喇叭状，有活动性眼睑

标志性的大嘴几乎占据身体的一半，对于食物从不挑剔，只要能够吞得下的都吃，甚至会同类相食

▶ 别名：苏里南角蛙、亚马逊角蛙 | 分布：哥伦比亚、厄瓜多尔、秘鲁东部、巴西东南

三角枯叶蛙

背部大都呈深褐色或褐色

活动季节：春、夏、秋、冬季

活动环境：低海拔热带雨林的落叶中

　　三角枯叶蛙是一种热带雨林蛙，角蟾属的一种，也是枯叶蛙中体型最大的，因为鼻子和背部两侧的皮肤突出形成三个三角并且皮肤呈现枯叶般的黄色而得名。人工饲养较难。

形态　三角枯叶蛙体长10~12厘米，雌蛙体型较大，雄蛙体长只有雌蛙的一半。头部较扁，吻棱明显；眼睛大且突出，位于头部两侧，眼间距大，有活动眼睑。背部有两对皮肤褶皱，一对从眼睛开始延伸到腹股沟和腋窝中间；另一对从眼睛后面的背部中间延伸到腹股沟处。因生活环境不同，体表颜色多不同。前后肢有皮肤褶皱，呈棕色；前肢无蹼，后肢无脚蹼。虹膜为金黄色。

习性　**活动：**夜行性，白天隐藏在森林枯叶中躲避天敌及休息，晚间外出活动觅食。**食物：**对食物不挑剔，能入口就不放过，主要吃蜘蛛、小型啮齿动物、蜥蜴和其他青蛙。**栖境：**低海拔热带雨林凉爽地区，喜欢栖在林床潮湿枯叶之中。

繁殖　选择临近水岸的枯木或岩石等隐蔽处交配繁殖，蝌蚪孵出后顺势进入溪流中。雌雄蛙抱对完成受精，雌蛙每次产卵约600枚。受精卵约一周孵化出小蝌蚪，在水中发育约45天成为幼蛙上岸生活。其蝌蚪与一般蝌蚪不同，嘴巴呈漏斗状。

上眼睑发达呈三角形凸起，鼻尖拉伸呈三角形，双眼睑与鼻尖构成三角形，看起来如同长了三个角一样

采用"守株待兔"的捕食方式，利用体色伪装在枯叶中等待猎物经过，突然攻击捕获

花狭口蛙 ▶ 姬蛙科，狭口蛙属 | *Kaloula pulchra* J.E.Gray | Banded bullfrog

花狭口蛙

活动季节：春、夏、秋季，冬季进入冬眠
活动环境：林间、池塘、水田等潮湿地带

花狭口蛙体型肥硕粗壮，圆形的鼻子在受到威胁时会膨胀。它善于挖掘，鸣声高亢，是国家保护的有益野生动物。

身体在受到威胁时能够分泌有毒的胶样物质

形态 花狭口蛙体长7~8厘米，雄性体型略小于雌性。头部较扁，头宽大于头长；口大，上下颌无齿；鼻孔近吻端，鼓膜不显；眼睛大且突出，眼间距大于鼻间距。前肢较短，指端膨大成吸盘。皮肤厚，有圆形凸起颗粒；背部为深棕色；腹部为乳白色；雄性喉咙处颜色略深。

习性 活动：白天藏匿于枯叶、树木、岩石等遮蔽物下，夜间外出活动觅食，行动缓慢；会爬树；善于挖洞，几秒钟就能将自己埋在泥土中。**食物**：非常贪吃，对食物不挑剔，以捕食蚂蚁、苍蝇、蟋蟀、飞蛾、蝗虫、蚯蚓等为主。**栖境**：林间、池塘、稻田、水洼等潮湿处，有时在乡村家庭中亦见其身影，白天藏于枯叶或其他遮蔽物下；有时会将自己埋在地下等待雨水降临。

繁殖 每年4~5月繁殖。大雨过后雄蛙会浮在水面鸣叫，吸引异性。交配在水中进行，雌雄抱对完成产卵受精，体外受精。受精卵会依附在水生植物的枝叶上，从孵化到蝌蚪完成变态发育仅需要两周。幼蛙可以上岸生活。寿命可达10年。

吻端钝圆，吻棱不明显；爱吃蚂蚁，会蹲在蚂蚁路径上捕食

身体两侧各有一条斑纹从头部延伸到腹股沟处，两条斑纹在头部汇合到一处，斑纹颜色从棕色到橙红色都有

▶ 别名：不详 | 分布：东南亚各国，中国福建、广东、广西、海南、云南

红腿豹纹蛙 ▶ 树蛙科，肛褶蛙属 | *Kassina maculate* Auguste Duméril | Red-legged running frog

红腿豹纹蛙

活动季节： 雨季
活动环境： 非洲东海岸热带、亚热带草原、灌丛、沼泽等

红腿豹纹蛙因为腿长，平时大部分时间快速爬行，而不是像其他蛙类跳跃。它们喜欢漂浮在水面上只露出头部，在水面下的身体垂直于水中，雨季来临时大都聚集在池塘中，雄性叫声响亮，声音长时间地重复。

形态 成年红腿豹纹蛙体型中等，体长6~7.5厘米，雌性比雄性大。头部扁平，呈三角形，吻端稍尖；口大，吻棱不明显；眼大且突出，眼间距大于鼻间距。皮肤光滑，无皮肤褶皱；前肢细短；后肢粗壮，长度可达约7厘米，微具蹼；指端有圆形吸盘，较小。背部、腿部、头部为橄榄绿色或灰棕色，并有深棕色至黑色斑点；后肢腹股沟处和内侧呈红色；腹部呈乳白色，并有扁平疣。

习性 **活动：** 夜行性，白天隐藏在洞穴或茂密植被中躲避天敌和休息，夜间外出觅食；可用后肢"行走"，而不是传统蛙类的跳跃。**食物：** 会攀爬到树木或灌木高处进行捕食，主要吃昆虫和昆虫幼虫，如苍蝇、蟋蟀、蚊子等。**栖境：** 原生栖息地为非洲东部的热带、亚热带草原、灌丛；喜欢相对潮湿的环境，一般栖息在草木丛生的泥洼或沼泽等潮湿陆地、灌木等环境中。

繁殖 雨季来临时进入繁殖季节，会在水中进行。采用体外受精的方式，雌性一般将卵产在水下的植被上，雄性将精子直接产在卵周围完成受精。雌性每次产卵400枚左右。幼体一般会持续10个月左右，才能发育成成体。

双眼生于头部两侧，有活动性眼睑 ●

栖息在草木丛生的洼地和沼泽地，在海拔1400米的低地较为常见，目前栖息地正在受到威胁

▶ 别名：不详 | 分布：肯尼亚、坦桑尼亚、马拉维、莫桑比克、津巴布韦、南非和斯威士兰

红腿豹纹蛙

| 番茄蛙 | ▶ | 狭口蛙科，暴蛙属 | *Dyscophus guineti* Grandidier | False tomato frog |

番茄蛙

活动季节： 春、夏、秋季

活动环境： 河流、沼泽、池塘

表皮有毒，触摸后会有剧烈的疼痛感

番茄蛙外观鲜艳，形态可爱，大小和拳头差不多，通体鲜红，像个熟透了的番茄，故得名。它虽然好看，但漂亮的表皮中含有防卫性毒素，足以使冒犯者感到剧烈的疼痛。

形态 番茄蛙雄性体长6~6.5厘米，体重约410克；雌蛙体型略大，体长9~13.5厘米，体重约230克。雄性一般偏橘红色，眼光也更锐利；雌性通体鲜红，比雄性更鲜艳。

习性 **活动：** 夜行性，遇到敌害时会将身体胀大来威吓敌人，还会接着使猩红的皮肤分泌出一层白色黏液，让任何碰到的生物都皮肤过敏，引发长时间烧灼般的疼痛。**食物：** 主要吃蟋蟀、麦皮虫、蟑螂、小鱼等。**栖境：** 亚热带或热带低地的潮湿森林、河流、沼泽、耕地、池塘及水沟，喜欢23~30℃的环境。

繁殖 每年2~3月雨季来临时交配繁殖。雌蛙于水中产下1000~15000枚黑白相间的卵，卵受精后36小时后孵化为蝌蚪，约45天后变态为成蛙，皮色较浅，呈暗黄色，约半年长成成蛙，体色转为鲜红。寿命不详。

以昆虫为食

守株待兔的狩猎者，不到处寻觅食物，只将路过昆虫一口吞下

| ▶ | 别名：安东吉利红蛙、安东暴蛙 | 分布：马达加斯加岛东岸 |

林蛙

活动季节： 春、夏、秋季

活动环境： 阔叶林

　　林蛙又称田鸡、哈士蟆、黄哈蟆或油哈蟆，是我国著名的药食兼用的经济蛙种，雌性输卵管制成的哈士蟆油是名贵中药材，有"软黄金"之称。它因独有的营养价值和药用价值而遭到大量捕杀，种群锐减，被列入《中国濒危动物红皮书》。

头体和四肢较细长，行动敏捷，跳跃力强

形态 林蛙雄蛙成体长6～6.5厘米，雌蛙成体长63～77厘米。头较扁平，头长宽几相等。吻端钝圆而略尖，突出于下唇，吻棱明显。鼓膜圆。皮肤较粗糙。背褶在额部呈折状，在鼓膜上方斜向外侧。前肢短而细，后肢发达。雄蛙背部及体侧为灰棕色且微带绿色，也有褐灰色或棕黑色；雌性为红棕色或棕黄色。鼓膜部有三角形黑斑。咽、胸及腹部有鲜艳的红色与灰色花斑。四肢腹面灰色，间杂红色斑点。

习性 **活动：** 行动敏捷，跳跃力强，在无强光、湿润凉爽处生活。**食物：** 以多种昆虫为食，并为冬眠和翌年春季的繁殖做好储备。**栖境：** 年生活周期分为水生生活期和陆生生活期，先潜藏在较深的水体中进入冬眠状态以躲避寒冷冬季，度过休眠期；水中生活期结束后，离开越冬水体到沼泽地带完成生殖活动，在产卵场周围土壤中或枯枝落叶下经过短暂的生殖休眠即进入森林，开始陆栖生活。

繁殖 每年4月初到5月初约一个月时间是出河、配对和产卵时期。雌性每次只产一个卵团，每年产卵一次。

鼓膜部有三角形黑褐色斑

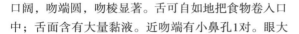

中华大蟾蜍 ▶ 蟾蜍科，蟾蜍属 | *Bufo gargarizans* Cantor | Asiatic toad

中华大蟾蜍

步行缓慢 ●

活动季节：春、夏、秋季

活动环境：草丛、石下或土洞中

中华大蟾蜍是农作物、牧草和森林害虫的天敌，还是动物药蟾酥的药源，但要合理开发利用，不能乱捕滥捉。

皮肤粗糙，全身布满大小不等的圆形瘰疣

形态 中华大蟾蜍形如蛙，体粗壮，体长10厘米以上，雄性较小。头宽大，口阔，吻端圆，吻棱显著。舌可自如地把食物卷入口中；舌面含有大量黏液。近吻端有小鼻孔1对。眼大而突出。眼后方有圆形鼓膜；头顶两侧有大而长的耳后腺1个。躯体粗而宽。四肢粗壮，前肢短后肢长；趾端无蹼。雄蟾前肢内侧3指有黑色婚垫，无声囊。

习性 **活动**：晚上或雨天外出活动；白天栖息于河边、草丛、砖石孔等阴暗潮湿处，傍晚到清晨常在塘边、沟沿、河岸、田边、菜园、路旁或房屋周围觅食。**食物**：以蜗牛、蛞蝓、蚂蚁、蚊子、孑孓、蝗虫、土蚕、金龟子、蝼蛄及蛾蝶为食。**栖境**：水陆两栖，穴居在泥土中或栖于石下及草间，喜湿、暗、暖。

繁殖 雌雄异体，体外受精。大多春季繁殖，水温达12℃以上时在静水中或流动不大的溪边水草间交配产卵。卵呈黑色，双行排列于卵袋里。

气温下降至10℃以下时钻入砖石洞、土穴中或潜入水底冬眠，回升到10℃以上时结束冬眠，在水池朝阳面的浅水区或岸边活动

● 眼大，对活动物体较敏感，对静止物体迟钝

▶ 别名：癞蛤蟆 | 分布：俄罗斯、朝鲜及中国东北、华北、华东、华中、西北、西南省区

黑眶蟾蜍

活动季节： 春、夏、秋季

活动环境： 阔叶林、河边草丛及农林中

黑眶蟾蜍较其他蟾蜍更接近人类居住地，且数目相当多，俗称的"癞蛤蟆"多指它。

形态 黑眶蟾蜍个体较大，雄蟾体长约6厘米，雌蟾约9厘米。自吻部开始有黑色骨质脊棱，沿眼鼻腺延伸至上眼睑并直达鼓膜上方形成黑色的眼眶。皮肤粗糙，除头顶部无疣，其他部位满布大小不等的疣粒。眼后有香肠状的耳后腺，鼓膜显著。腹面密布小疣柱，疣上有黑棕色角刺。体色多为黄棕色带不规则棕红色花斑。腹面胸腹部的乳黄色上有深灰色花斑。前肢较细小，后肢则较粗短，均呈圆形，仅有半蹼；指尖亦呈黑色。

习性 **活动：** 夜行性，日间爱躲藏在土洞及墙缝中休息，晚间外出觅食。少跳跃，多爬行。**食物：** 以昆虫为食，偶尔也吃蚯蚓等。**栖境：** 适应性强，能在不同环境下生存，主要栖身于阔叶林、河边草丛及农林地，亦会出没在人类居住区。

繁殖 繁殖季节以2～6月为主，成群聚集在开阔河边交配并进行体外受精。雌蟾于流水或静水中产卵，每次达数千粒，成串，念珠状，黑色卵子在透明胶质长串中可达8米以上。受精卵在水中发育成黄棕色蝌蚪，有毒性，体色渐深并长出四肢及脊棱。

受惊时除耳后腺会分泌出白色毒液，全身疣粒亦会分泌毒液以自卫

广泛栖息于树林、低地和城镇内的校园、沟渠等地，繁殖季会成群出没于溪涧或水源处，雄性发出鸣亮的求偶叫声

| 花背蟾蜍 ▶ | 蟾蜍科，蟾蜍属 | *Bufo raddei* Strauch | Rain toad |

花背蟾蜍

活动季节：春、夏、秋季

活动环境：草石下或土洞内

花背蟾蜍是农牧业生产上的有益动物。民间常将其入药，制成蟾干或取蟾酥。

疣粒上多有土红色点，故得名为花背蟾蜍 ●

形态 花背蟾蜍体长约6厘米，雌性最长可达8厘米；头宽大于头长；吻端圆，吻棱显著，颊部向外侧倾斜；鼻间距略小于眼间距，上眼睑宽、略大于眼间距，鼓膜显著，椭圆形。雄性皮肤粗糙，头部、上眼睑及背面密布不等大的疣粒，雌性疣粒较少，耳后腺大而扁。雄蟾背面多呈橄榄黄色，雌蟾多为浅绿色，背上有美丽酱色花斑；四肢有棕色花斑；腹面为乳白色，一般无斑点，少数有之。指细而尖，第四指短。

习性 活动：白昼匿居于草石下或土洞内，黄昏外出觅食。产卵季节昼夜都活动。冬季集群在沙土中冬眠。**食物**：直翅目、膜翅目、鞘翅目和鳞翅目等危害农作物和牧草的昆虫及幼虫。**栖境**：适应性强，在海拔3300米以下的各种环境中，如农田、草原、森林或荒漠边缘、山地或河、湖岸边都有其活动的踪迹。

繁殖 产卵期多在4月中旬至5月下旬。交配时雄蟾发出"咕呵–咕呵……"的阵阵叫声，与雌蟾抱对后即不再叫。卵带一般挂在水塘、水坑边的水草上或漂浮于水面的枯枝烂叶下。蝌蚪多群集于岸边水草间腐殖质较丰富处。6月下旬以后，开始出现变态完毕的幼蟾。

背正中央常有一浅绿色细纵线，始自头端至肛部 ●

▶ 别名：不详 | 分布：中国北方各省区

海蟾蜍

活动季节：春、夏、秋季

活动环境：泥穴、潮湿石下、草丛、水沟

　　海蟾蜍是世界上最大的蟾蜍，野生状态下雌蟾蜍的体重常超过1000克。它原先被用来清除甘蔗上的害虫，又名甘蔗蟾蜍、蔗蟾蜍或蔗蟾。

腹部呈奶白色，
有黑色或褐色的疙瘩

形态 海蟾蜍雌性比雄性长，可达10～15厘米。皮肤干燥有疙瘩。眼睛上明显起脊，直斜向吻部。身体呈灰色、黄色、赤褐色或橄榄褐色，带不同的斑纹。眼后各有很大的腮腺；瞳孔横向，虹膜呈金色。趾间基部有肉质的蹼，前肢没有蹼。

习性 **活动**：皮肤易失水分，白天多潜伏隐蔽，喜隐蔽于泥穴、潮湿石下、草丛内、水沟边，夜晚及黄昏出来活动。成年蟾蜍多集群在水底泥沙内或陆地潮湿土壤下越冬。**食物**：细小的啮齿目、爬行类、其他两栖类、鸟类及多种无脊椎动物，偶尔也吃植物、狗粮及垃圾，将猎物直接吞下，然后慢慢消化和吸收。**栖境**：开放辽阔的草原及林地，经人工改造的地方（如花园及排水沟）。

繁殖 全年可以繁殖。卵产在水中呈一串凝胶状。雌蟾一次产8000～25000颗卵，连接起来长度可达20米。卵黑色，表面覆盖薄膜，直径1.7～2毫米。野生种寿命为10～15岁，饲养下可以生活得更久，最老的可达35岁。

几乎不怕任何肉食动物，
因为皮肤里的液腺能产生
剧毒

别名：美洲巨蟾蜍、甘蔗蟾蜍、蔗蟾蜍 | **分布**：中美洲及南美洲，后被引入澳洲

| 非洲爪蟾 | ▶ | 负子蟾科，爪蟾属 | *Xenopus laevis* Daudin | African clawed frog |

非洲爪蟾

活动季节：春、夏、秋

活动环境：池塘、河流

　　1997年，克隆羊多利的诞生轰动了世界，它是世界上第一个克隆的哺乳动物，实际上，克隆动物最早是在非洲爪蟾中获得成功的，该种群的基因组已经有了完整的数据库；白化爪蟾透明，可以用来进行活体研究，观察单个神经元的形态变化；卵可以用来研究蛋白通道的功能，再加上养殖费用低、周期短，可以结合行为学研究进行药物的高通量筛选。

形态 非洲爪蟾身体扁平，呈流线型，雄性体长10～15厘米，雌性体长10～17厘米。头三角形，嘴巴两侧有触手状突起。眼小，位于头上方。游离指，没有蹼，手指前端有分支呈4星状突起，是感觉器官；后肢粗壮，具有3对角质脚爪，趾间蹼发达。体色配合环境可由灰色变成黑色。性成熟的成蛙前肢有黑色婚垫，为了便于交配，雄蛙泄殖腔比雌蛙泄殖腔小。

习性 活动：完全水栖，从蝌蚪到成蛙都生活在水里，喜好静止水域，白天多潜藏于水底深处，夜晚会爬至浅滩。**食物**：以小鱼、虾、蟹、昆虫为食。**栖境**：撒哈拉以南非洲东南部的池塘及河流。

繁殖 不详。

前肢较小，三指末端有明显的爪，故而得名爪蟾

由于没有舌头，常迫不及待地用前肢三只长爪将食物拨进口中

负子蟾

活动季节*：春、夏、秋*
活动环境*：水塘、水坑*

卵在雌蟾背上孵化 ●

负子蟾繁殖期内雌蟾背部的皮肤变得厚实柔软，并形成一个个蜂窝状的小穴，数目多达几十甚至上百个。在水中的受精卵由雄蟾用后肢夹着一个一个地放在雌蟾背上的小穴里，并负责"封好"。两个月后，幼蛙会戳破覆盖其上的皮肤出生。负子蟾因有这种"负子"的习性而得名。

形态 负子蟾躯干扁平似方形，体长约10厘米。成体眼小，无眼睑；口部无角质颌和角质齿，口内无舌。吻突与上下腭的皮肤松弛下垂。体色黑褐。椎前椎骨5～8枚，椎体后凹形，肩带弧形。趾间蹼极发达，体侧具侧线。

习性 **活动**：雨季到来后，分散活动并在积满雨水的水塘和凹地水坑内交配、产卵。**食物**：以小鱼、虾、蟹、昆虫为食。**栖境**：终生栖于水中，在长期干旱时多集中在尚未干涸的水塘内。

繁殖 每年4月雌蟾分泌一种特殊气味招来雄蟾，雄蟾用前肢紧紧握住雌蟾的后肢前方，一昼夜后雌蟾的背部和泄殖腔周围都肿胀起来，接着开始产卵。当雄蟾背朝下时，雌蟾恰好把卵产在雄蟾腹部受精，然后受精卵被雄蟾放到雌蟾的背上孵化出幼蟾。

指端有细小的
星状附器，便
于寻食

产婆蟾 ▶ 盘舌蟾科，产婆蟾属 | *Alytes obstetricans* J.N.Laurenti | Common midwife toad

产婆蟾

活动季节：春、夏、秋季，冬季进入冬眠

活动环境：温带森林、灌丛、河流、湖泊、耕地

产婆蟾行动缓慢，特殊之处是在陆地完成交配，然后雄性将受精卵缠绕在后肢上直到将要孵化时。在幼体孵化后，雄性将幼体放入水中，然后离去。

形态 成体产婆蟾体长达5.5厘米，体肥，雌性比雄性大。头部扁平、宽大，呈三角形，鼻尖稍尖；口大，吻棱明显，颊部几近垂直，上颌具齿，舌呈盘状；眼大且突出，有活动性眼睑。皮肤有大小疣颗粒，黄色或偏红色，背部和下臀区有毒液腺体。前肢粗短，后肢长且发达，微具蹼。体表一般为灰色、褐色或橄榄绿色，并有小的深褐色或绿色斑纹。腹部颜色浅，多为黄色；胸部有暗灰色斑纹。

习性 活动：夜行性，行动迟缓。白天在潮湿灌丛、原木或石块等处隐藏，躲避天敌并休息。黄昏时外出活动觅食，夜间活动频繁。身体受到威胁时会膨胀，将空气注入体内，尽量使身体增大。**食物：**小型昆虫、蜘蛛、蠕虫、蚯蚓等。**栖境：**森林、灌丛、河流或湖泊等潮湿岩石、原木或灌丛下。

繁殖 每年春夏会在陆地上交配产卵。雌雄抱对，雄性用后肢趾端刺激雌性的泄殖腔排卵。雌性每次产卵约120枚，雄性直接将精子排在卵上完成受精。之后，雄蛙将受精卵放在后肢上返回地洞，通过皮肤分泌物质将受精卵浸湿；带受精卵雄蛙夜间外出觅食，20天左右出入一次；3个月后，雄蛙带着受精卵进入水中，蝌蚪陆续破壳而出，雄蛙随即离开。蝌蚪在水中发育，经过变态发育成蟾蜍幼体，可以上岸生活。

双眼分别位于头两侧，
眼间距大于鼻间距

▶ 别名：助产蟾 | 分布：法国、比利时、瑞士等

绿蟾蜍

活动季节：春、夏、秋季，冬季进入冬眠
活动环境：沼泽水坑、沙漠边缘绿洲以及半咸水地区

　　绿蟾蜍能在农田中捕食多种害虫，有良好的灭虫除害保护庄稼的作用。

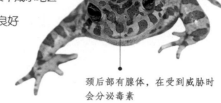

颈后部有腺体，在受到威胁时会分泌毒素

形态 绿蟾蜍体型较大、肥壮，最长可达15厘米，雌性比雄性大。头部扁平、宽大，呈三角形；口大，吻尖稍尖；双眼大且突出，位于头部两侧，眼间距大于鼻间距，有活动性上下眼睑；鼓膜明显，呈白色。体表有大小疣颗粒，橙黄色或橙色。四肢粗壮，前肢短粗，后肢长且发达，微具蹼。背部从黄色、绿色到深棕色，花纹图案颜色较深，深棕色或墨绿色；腹部颜色浅，乳白色或黄色，有扁平疣；胸部有黑色纹路。

习性 **活动**：冬季冬眠，清明前后出蛰；白天活动少，藏在潮湿凉爽的岩石下，傍晚后活动频繁，外出捕食。**食物**：各种昆虫和无脊椎动物，主要是蟋蟀、黄粉虫、小蝴蝶、蚯蚓、飞蛾、甲虫和毛虫等。**栖境**：森林、森林草原、草原、半沙漠和沙漠地区，耐受干燥，但喜欢潮湿清凉的环境。

繁殖 每年清明后成体会出蛰进行繁殖。选择静水坑塘、河湾等处交配产卵，通过雌雄抱对方式完成体外受精。雌性一次产卵9000~15000枚。一周左右孵化出蝌蚪，蝌蚪在水中完成变态发育后可上岸生活。

身体颜色和图案因分布地域不同而不同，并可以根据温度和光线调节体表的颜色

| 美国蟾蜍 ▶ | 蟾蜍科，蟾蜍属 | *Bufo americanus* Holbrook | American toad |

美国蟾蜍

活动季节：春、夏、秋季，冬季冬眠
活动环境：池塘、河川

美国蟾蜍需要半永久淡水湖来进行高峰期发育，需要密林来覆盖作保护。满足这两项条件及有充足食物，会繁衍很旺盛。

无交接器，体外受精

形态 美国蟾蜍体长44～113毫米。头部略呈三角形，颈部不明显。有眼睑和鼓膜。口裂较大，舌可翻出口外捕食。前肢较短，后肢特别发达，具有蹼，适于跳跃或游泳。肺的结构简单，皮肤起着辅助呼吸作用，排出二氧化碳。皮肤呈棕、红、橙色，甚至近黑色，在背面中间偶尔可见一条光带。雄性的喉部深暗，尤其在繁殖季节。两性异形，雄性小于雌性，雌性通常颜色较浅。

习性 活动：夜行性，白天多潜伏隐蔽，夜晚及黄昏出来活动。在水底泥沙内或陆地潮湿土壤下越冬。冬季停止进食，以体内储布的肝糖来维持新陈代谢，翌年气温回升到10～20℃时结束冬眠。食物：以蟋蟀、黄粉虫、蚯蚓、蚂蚁、蜘蛛、蛞蝓、百足及细小脊椎动物为食。栖境：森林乃至人类居住区的庭院，喜好潮湿环境。

繁殖 产卵时雄性负责寻找合适的水体，雌性被其叫声吸引。体外受精，每年3～7月在池塘或河川淤泥处产下细绳状的卵块，卵数约6000粒。受精卵在水中发育成蝌蚪，以水藻为食。

皮肤易失水分

蝌蚪用鳃呼吸，幼体先长出后肢，再长出前肢，尾逐渐缩短，最后消失。鳃也逐渐萎缩、消失，肺逐渐形成，经过变态发育为成体，主要用肺呼吸

▶ | 别名：不详 | 分布：加拿大、美国

| 东方铃蟾 ▶ | 铃蟾科，铃蟾属 | *Bombina orientalis* Boulenger | Oriental fire-bellied toad |

东方铃蟾

活动季节：春、夏、秋季，冬季冬眠
活动环境：池塘、溪流

　　东方铃蟾是少有的寒温带具有观赏价值的无尾目两栖动物，在北京分布于香山樱桃沟附近，系1927年刘承钊先生由山东烟台采200余只到北京，分别放养在北京大学校园的水沟和西山卧佛寺旁的山溪内，在香山、樱桃沟等地繁衍至今。

形态 东方铃蟾体长约45毫米；头扁平、长宽几相等；吻圆，无吻棱；鼻孔在眼与吻端的中央；眼间距等于鼻间距而略小于上眼睑的宽度；无鼓膜；舌圆。前肢短，指短，基部微有蹼；后肢短，胫跗关节前达肩部，左右跟部仅相遇或略重叠；趾短而扁；雄性全蹼；雌性的蹼略逊，蹼间缺刻深。皮肤粗糙，头、躯及四肢背面满布大小不等的刺疣，黑色；腹面咽部、胸部有少数小的刺疣；其余部分皮肤光滑无刺。

习性 **活动：**成蟾行动迟缓，多爬行。受到惊扰时举起前肢，头和后腿拱起过背，形成弓形，腹部呈现出醒目的色彩，向捕食者暗示它的皮肤有毒。**食物：**以蟋蟀、黄粉虫、蜘蛛、蛞蝓及其他细小脊椎动物为食。**栖境：**池塘或山区溪流石下，在繁殖季节进入水塘或泥坑。

繁殖 每年5~7月繁殖，卵多成群或单个贴附在山溪石块下或水坑内的植物上，每次产卵约百余枚，成串悬于水内枯枝或水草上，或单粒沉于水底。蝌蚪头体短圆，尾弱，尾鳍高。

体侧之疣排列规则成行

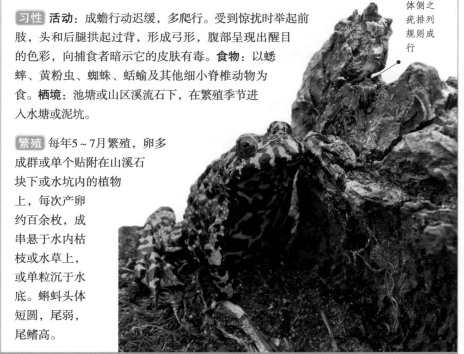

别名：火腹铃蟾、臭蛤蟆、红肚皮蛤蟆 | **分布：**俄罗斯、朝鲜、日本及中国东北

| 多彩铃蟾 | ▶ | 铃蟾科，铃蟾属 | *Bombina variegate* L. | Yellow-bellied toad |

多彩铃蟾

活动季节： 春、夏、秋季，冬季进入冬眠
活动环境： 石块、原木等遮蔽物较多的山间小溪、河流、沼泽附近

多彩铃蟾多见于欧洲地区，遇到危险时会将腹部朝上露出警示色，并分泌毒液。在过去10~20年间，乌克兰的多彩铃蟾数量急剧下降，在很多地区已经完全灭绝。

成蛙4~5厘米，背部为灰褐色，腹部黄色或橙色，有深色斑点

形态 多彩铃蟾体型较小，体长3.5~5.5厘米，雌性比雄性略大。头部扁平；口大，吻端圆且高，吻棱不明显；舌呈圆盘状；眼大且突出，双眼位于头两侧，眼间距大于鼻间距，瞳孔为心形或圆形；鼓膜不明显。背部皮肤粗糙，密布疣颗粒；背部有腺体，遇到危险时会分泌毒素；四肢粗壮，前肢较短，无蹼，后肢长，有蹼。背部、四肢外侧为灰色或灰褐色；腹部光滑，有扁平疣。

习性 **活动：** 冬季进入冬眠，春天出蛰；天敌少，白天夜间都能见到其身影，活动缓慢，多爬行；受惊扰或遇敌害攻击时作假死状。**食物：** 以小型昆虫为食，如蟋蟀、蚂蚁、蚊蝇、蜘蛛、小蝴蝶、蚯蚓、甲虫和毛虫等。**栖境：** 潮湿清凉的环境；一般栖息在小溪、河流、沼泽等附近的岩石、原木等遮蔽物下。

繁殖 每年5~6月为繁殖季节，进入泥塘、小溪、池塘等静水中。雌雄抱对，雌蛙将卵产在水草附近，使其依附于水生植物的枝叶上；雄蛙将精子排在卵周围，体外受精。多次产卵，每次产卵约30枚，每年产卵150~300枚。受精卵呈微扁球形，褐色，3~4天后会孵化出蝌蚪，口部周围有唇乳突，有角质齿，每排由2~3行小齿组成，出水孔位于腹中部；经过变态发育成长为幼蛙上岸生活。

整个腹部、四肢内侧、掌、跖部颜色鲜艳醒目，一般为明亮黄色到橙黄色，并有灰色、蓝色、黑色等深色斑纹

▶ 别名：不详 | 分布：奥地利、比利时、法国、德国、希腊、波兰、瑞士、乌克兰

锄足蟾

活动季节：春、夏、秋季，冬季进入冬眠

活动环境：针叶林、落叶和混交林及其边缘、草丛、各种淡水水体、田野、公园

锄足蟾属包括东半球的隐耳锄足蟾属和北美洲的北美锄足蟾属，在温暖季节大雨后在水塘内繁殖。在西部干旱地区的幼体孵化较快，趁水塘干涸之前完成变态，东部种类则发育较慢。

瞳孔垂直，
有活动性上下眼睑

形态 锄足蟾雄性体长约6.5厘米，雌性长约8厘米。口大，吻端尖且高，吻棱不明显；双眼大且突出，生于头部两侧，眼间距大。身体肥壮，前肢短粗，后肢发达，有锐利、黑色、铲形的凸出物，可用来挖土，趾具蹼。背部、四肢外侧皮肤粗糙，有疣颗粒。体表颜色会因地区、栖息地和性别不同而出现较大差异，背部一般呈浅灰色、棕色或米色等，并有深棕、橄榄绿等深色斑纹，存在个体差异。腹部乳白色，有时有灰色小点密布；有白化个体。

习性 活动：夜行性，白天在岩石或其他遮蔽物下躲避天敌、烈日；夜间外出觅食活动；受到惊吓或攻击时会发出响亮叫声，并散发出有毒分泌物，气味如同大蒜；每年9、10月到翌年3月为冬眠期，冬眠洞穴深约2米。**食物**：成体以无脊椎动物和小型昆虫为食，如蚊子、苍蝇、飞蛾、蚂蚁等；幼体以藻类、小型无脊椎动物、软体动物为食，有时捕食受伤的同类。**栖境**：树林、草原、草地、田野、公园、花园等均见，一般生活在靠近水体的潮湿地带；池塘、湖泊中也见；冬季会在松软的土壤中冬眠。

繁殖 每年春季从冬眠中苏醒后便进入交配繁殖期，一直持续到6月。交配在水中进行；体外受精，雄性直接将精子产在雌性排出的卵上。雌性一次产卵480~3000枚。受精卵经过5~11天孵化出幼体，变态发育期为55~110天，一般7~9月完成蜕变，以成体越冬。

爬行
动物

PART 4
112~160页

龟鳖目

| 中华草龟 ▶ | 龟科，乌龟属 | *Chinemys reevesii* Gray | Chinese pond turtle |

中华草龟

活动季节：春、夏、秋季

活动环境：江河、湖泊、水库、池塘

　　中华草龟俗称乌龟，中国自古以来就把其当做健康长寿的象征，在日本、菲律宾以及欧美各国，也将其视为象征"吉祥，延年益寿"之物。它全身是宝，是《本草纲目》中奉为食补和药补的上上品，李时珍曾说："介虫三百六十，而龟为长龟，介虫之灵长者也。"它因受到过度捕猎的威胁，已被世界自然保护联盟列为濒危物种。

形态 中华草龟体为长椭圆形，背甲隆起，头顶黑橄榄色，颈部、四肢及裸露皮肤部分为灰黑色或黑橄榄色。腹甲平坦，后端具缺刻。四肢扁平，有爪子，指、趾间具有全蹼。雄性体型较小，背部为黑色或全身黑色，背甲长且窄，底板向内凹陷，腹部花纹稀疏，尾粗且长，尾基粗，泄殖孔距腹甲后缘较远；雌性背甲较短且宽，由浅褐色到深褐色，腹甲棕黑色，底板平坦，腹部花纹密集，尾细且短，尾基细，泄殖孔距腹甲后缘较近。

习性 **活动**：半水栖、半陆栖性，白天多深居水中，夏日炎热时成群地寻找阴凉处。水温降到10℃以下时静卧水底淤泥或有覆盖物的松土中冬眠，从11月到次年4月初。**食物**：杂食性，以昆虫、蠕虫、小鱼、虾、嫩叶、麦粒、稻谷、杂草种子等为食，耐饥饿能力强，可数月不食。**栖境**：江河、湖泊、水库、池塘等。

繁殖 在陆地上或水中交配，始于4月下旬，5～8月在陆地上产卵。多在黄昏或黎明前爬至隐蔽且土壤疏松的地方，将卵产于穴中，再扒土覆盖于卵上，并用腹甲将土压平后才离去。雌龟每年产卵3～4次，每次一穴产卵5～7枚。

头、颈侧面有黄色线状斑纹

中华花龟

活动季节： 春、夏、秋季
活动环境： 池塘、河流

　　中国南方的常见龟种，在淡水龟里是中大型龟类，母龟可以长到20多厘米。其肉可食用，龟板可药用，数量已明显减少。

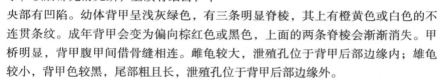

背甲呈栗色且略拱，后缘不呈锯齿状

形态 中华花龟背甲长约20厘米，宽约16厘米。头部、颈部及四肢的皮肤上都长着亮绿色和黑色条纹。头部较小，顶后部光滑无鳞，上颌有细齿，中央部有凹陷。幼体背甲呈浅灰绿色，有三条明显脊棱，其上有橙黄色或白色的不连贯条纹。成年背甲会变为偏向棕红色或黑色，上面的两条脊棱会渐渐消失。甲桥明显，背甲腹甲间借骨缝相连。雌龟较大，泄殖孔位于背甲后部边缘内；雄龟较小，背甲色较黑，尾部粗且长，泄殖孔位于背甲后部边缘外。

习性 **活动：** 性情温顺，不攻斗、不咬人，适应性一般，生命力强。**食物：** 杂食性，会食鱼、虾、水中植物、水果等。**栖境：** 高度水栖，生活在低洼处水流缓慢的池塘、沼泽和溪流中，受惊后即潜入水底，但也耐干旱，无水之地也能生存。**冬眠：** 每年11月至翌年3月为冬眠期，4月开始外出活动。

繁殖 每年3～5月繁殖，每窝产卵7～17枚，孵化期约60天。将卵产在用趾扒的洞中，洞面仍用土盖住，卵较大，长圆形、壳白色、厚且坚硬。

腹甲棕黄色，每一甲片具有一块大墨渍状斑块，两侧有圆珠状圈斑，故名"珍珠龟"

▶ 别名：花龟、斑龟、珍珠龟、台湾草龟 | 分布：老挝、越南及中国

113

黄缘闭壳龟 ▶ 龟科，盒龟属 | *Cuora flavomarginata Gray* | Chinese box turtle

黄缘闭壳龟

活动季节*：春、夏、秋季*
活动环境*：林缘、杂草、灌木之中*

黄缘闭壳龟是一种古老的、被誉为"活化石"的动物，也被视为药食兼用的珍贵滋补品。近年由于农业用地的扩张，中国台湾种群数量呈现下降趋势，中国大陆种群处于极度濒危状态。

当头尾及四肢缩入壳内时，腹甲与背甲能紧密地合上，故名为"黄缘闭壳龟"

形态 黄缘闭壳龟头部光滑，颜色丰富多彩，侧面是黄色或黄绿色，头顶是橄榄油色或棕色。吻前端平，上颌有明显的钩曲。背甲为深色高拱形，上有一条浅色的带状纹（有些有3条）；有些有中肋纹（背甲中线），颜色会随年龄增长而退化。四肢上鳞片发达，爪前5后4，有不发达的蹼。尾适中。雄龟背甲长而稍扁，尾较粗长；雌龟背甲厚，尾较短。

习性 活动：属山龟，半水栖性，偏陆栖性，不能生活在深水域内，昼夜活动规律随季节而异，12月至翌年1～3月是冬眠期，喜躲在洞穴、树枝堆或在较厚枯萎草层下，大多在向阳、背风处。 食物：鱼虾、蚯蚓、黄粉虫、螺、蚌及瓜果蔬菜、大麦、玉米、高粱等。栖境：喜欢丘陵山区的林缘、杂草、灌丛，待在树根底下、石缝等安静处。

繁殖 繁殖期为5～9月，每次产3～7枚椭圆形卵，繁殖需在户外成对饲养才能成功。

受惊时会把头尾及四肢缩进壳内，然后把壳紧紧合上，抵御敌人

▶ 别名：黄缘盒龟、金头龟 | 分布：日本及中国安徽、重庆、福建、河南、两湖、江西、浙江、香港、台湾

巴西红耳龟

活动季节： 春、夏、秋季

活动环境： 清澈水塘

俗称巴西龟，已被不少家庭当作宠物来养殖。它可能是世界上饲养最广的一种爬行动物，因大量掠夺同类生存资源被列为世界上最危险的入侵物种之一，一些动物保护人士在野外捉到巴西龟会自己养殖起来，以这样的方式保护自然生态环境。

【**形态**】巴西红耳龟全长15～25厘米，头、颈、四肢、尾均布满黄绿相间、粗细不匀的条纹。眼部角膜为绿色，眼后有1对红色斑块。背甲扁平，每块盾片上具有黄绿相间的平行或环行细花纹，后缘呈锯齿状。腹甲淡黄色，具有黑色圆环纹，似铜钱，每只龟的图案均不同。趾、指间具蹼。

【**习性**】**活动**：喜群居，性情活泼好动。喜阳光，晒背习性较其他龟类强，中午风和日丽时喜趴在岸边晒壳，其余时间漂浮在水面休息或在水中游荡；对水声、振动反应灵敏，一旦受惊纷纷潜入水中。11月至次年3月冬眠，4月开始活动，水温达到约16℃时开始摄食。**食物**：肉食性，喜食小鱼、小虾及昆虫。**栖境**：水栖性，可生活在深水域，幼龟喜栖息在浅水中。

【**繁殖**】性成熟早，一般雌性长到500克以上就可以下蛋，繁殖能力强，在其原产地的窝卵数为6～11枚，最多可达30枚。4～9月为产卵期和交配期，其中5～7月产卵的龟多，8～9月交配的龟多。

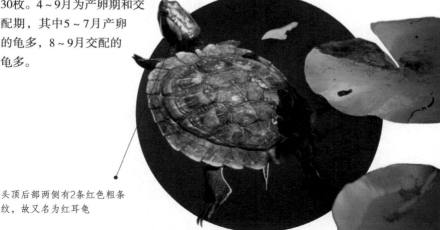

头顶后部两侧有2条红色粗条纹，故又名为红耳龟

马来食螺龟

活动季节：春、夏、秋季

活动环境：溪流、沼泽

　　马来食螺龟是日行性的水栖龟类，在越南、泰国是普遍的泽龟，数量颇多，常被大量出口作为食用或观赏用。它们拥有强而有力的上下颌，可以轻易咬碎淡水甲壳类动物，加以吞食。

体色在水龟中比较出色，
具有特殊的食性

形态 马来食螺龟体型中等，背甲长达21厘米。头宽大，顶部呈黑色；吻钝；鼻孔处有四条白色纵条纹，自眼眶前端有一黄白色斑点，且斑点下端有一黄白色斜条纹，过眼眶下延伸到颈部，且逐渐变粗；上颌中央呈"A"形，下颌中央有2条白色粗条纹，延伸到颈部；颈部呈黑色，有数条粗细不一的纵条纹。背甲黑色，中央3条脊棱较明显；缘盾边缘呈黄色，甲桥处有黑色斑块，腹甲黄色，每块盾片上有大黑斑块；腹中后缘缺刻较深。四肢黑色，边缘有黄白色纵条纹，指、趾间具蹼。雄龟尾粗且长，雌性尾细且短。

习性 活动：喜暖怕寒，深秋、初春冬季成活率低，新购来的龟初期不宜放在深水中而应放在浅水区域，少惊动，使其逐渐适应新环境。环境温度降低到18℃时会停食；降到15℃时很少活动，逐渐进入冬眠。**食物**：以田螺为食，喜食蜗牛、小鱼、蚯蚓、蠕虫及甲壳类。**栖境**：溪流、沼泽、稻田中。

繁殖 雌雄辨别并不困难，雄性体型较小，尾巴比较粗大。雌性每次可以产下3～6颗卵，在29℃约70～90天可以孵化。

头宽大，顶部呈黑色；边缘有一"V"形白色条纹，过眼框上部延伸到颈部，且条纹逐渐变粗

眼周被白色眼线包围，似戴一眼镜

▶ 别名：马来龟、蜗牛龟、食螺龟 | 分布：柬埔寨、印尼、老挝、马来西亚、泰国、越南

巴氏地图龟

活动季节：春、夏、秋季

活动环境：河流

地图龟的背甲中央有一条明显的棘突，又得名锯齿脊龟。最引人注目的是其皮肤和盾片上富有特色的细线，看来就像是地图上的等高线和公路行车图，这些精美的网状花纹赋予了它美丽典雅的气质，令其他龟类难以企及。

大多数地图龟背甲后部的缘盾也向后突出，使背甲的后缘呈现为明显的锯齿状

形态 地图龟雄性体长8.9～12.7厘米，雌性体长17.8～32.4厘米。背甲橄榄色至深棕色，幼体和雄性的脊棱上长有黑色棘突；肋盾和缘盾上具有黄色椭圆形斑纹。腹甲呈奶油色或黄中稍带绿，盾片边缘接缝处为黑色，胸盾和腹盾上具有棘突。眼后有黄色或黄绿色斑块，鼻吻顶端亦缀有黄色或黄绿色碎点。下巴上长有弯曲或横向的浅色短纹。成年雌性会有发育极为硕大的头部。

习性 **活动：**比其他龟类更为敏感，需要安静、水质清洁的环境；需要晒背。**食物：**杂食性，软体动物和蜗牛占很大比例，也吃昆虫、小龙虾、蠕虫、水生植物、鱼和腐肉。**栖境：**依据种类不同而有变化，与池塘和湖泊相比，似乎更喜欢生活在河流中和水生植被茂密的地方。

繁殖 每年产卵数窝，每窝6～11枚，卵椭圆形，壳厚，长约40毫米，产在靠近水边的沙洲上，巢穴深7.6～15厘米。稚龟8月中旬至9月出壳。

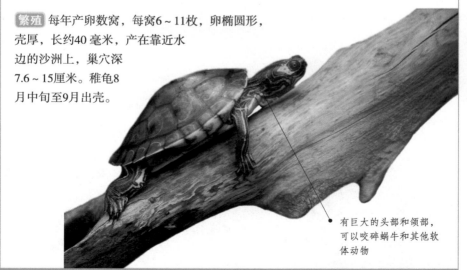

有巨大的头部和颌部，可以咬碎蜗牛和其他软体动物

刀背麝香龟

活动季节：春、夏、秋季
活动环境：河流、沼泽

　　刀背麝香龟原产于美国，是现存最古老的爬行动物之一，也是麝香龟中最大的一种。所谓麝香，其实是刀背麝香龟为了保护自己、震慑敌人而放出的一种异臭。它十分害羞，极少咬人或释放异臭。

形态 刀背麝香龟成体的头底甲长度约15厘米，背甲具明显脊棱，形成陡峭的斜坡。盾片呈浅棕色至浅橙色，带有深色小点或放射状条纹以及深暗色边沿。每块盾甲后方都有黑色边界线，所有这些都会随着时间慢慢地变淡。腹甲黄色，喉盾缺如。四肢及头部为灰色，有黑色斑点，头部呈灯泡状。头大小适中，有一副突出的嘴，上颌略微地呈现钩状。下巴上长有触须。皮肤是浅灰色或棕色及粉红色，分布着黑色斑点。

习性 活动：每年3～11月活动，时常晒背。小龟冬眠后，易出现"冬眠后厌食症"、脱水、感冒等。食物：肉食性，以软体动物、螺类、水生昆虫、小龙虾，甚至任何能找到的动物性食物为食。栖境：流速缓慢的河流、沼泽和大型河流呈"U"字形弯曲的部分。

繁殖 春季求爱和交配，4～6月产卵，雌性每窝产2～4个白色、易碎、椭圆形的卵。

棕色、灰色外壳长满豹纹斑点，外貌可爱，易于饲养

在一些良好的栖息地，一英亩（1英亩=4046.8平方米）内可达到100只以上

鼻部略呈管状伸出

东澳长颈龟

活动季节： 春、夏、秋季，冬季进入冬眠
活动环境： 清凉不炎热的各种水体及附近

东澳长颈龟在澳大利亚罗克汉普顿昆士兰维多利亚发现，是澳大利亚特有的种类之一，经常被土著居民捕食。近年它作为宠物在市场出现，对水质要求较高，较难饲养。

眼大而突出，生于头部两侧，有活动性眼睑

形态 东澳长颈龟体型较小，背甲长15~28厘米，雌性比雄性大，体型大小受到生存环境的影响。头部小，头顶部平；吻端稍尖，鼻位于吻端；眼大而突出。颈部细长。背甲圆润，无任何花纹；雄龟腹甲中央凹陷，尾长，泄殖孔距背甲较远；雌龟腹甲平坦。四肢细短，具蹼，指、趾具4爪。体色差异较大，背部通常为棕色、暗棕色或黑色；腹部呈黄白色；背甲外缘与腹甲的鳞缝为黑色；眼虹膜鲜黄色。

习性 **活动：** 完全水栖，冬眠和交配也在水中进行；河水干涸时会钻到泥中休眠，直到雨季来临。**食物：** 肉食性，伏击或潜行靠近发动突然袭击捕食；吃昆虫、蝌蚪、蚯蚓、青蛙、鱼类、甲壳类和软体动物等。**栖境：** 原始栖息地在澳洲东南部河流湖泊等各种水域内，爱在遮蔽物下休息。

繁殖 交配在水中进行。每年初夏，雌性夜间上岸挖洞产卵；每次产下7~24枚卵，产完后将卵埋起来，返回水中。卵呈长椭圆形，壳易碎，经过约180天孵化出幼龟，进入附近水中生活。7~10年发育成熟，寿命约30年。

颈部细长，长度约为体长的50%~60%，布满结节，颈可在肱前的背腹甲之间水平弯曲

背甲后部宽圆且微尖

猪鳖龟 ▶ 两爪鳖科，两爪鳖属 | *Carettochelys insculpta* Ramsay | Pig-nosed turtle

猪鼻龟

活动季节： 春、夏、秋季

活动环境： 河流、湖泊、沼泽、池塘

猪鼻龟为两爪鳖科内仅存的一个品种，分布区域狭窄，地处偏僻，一度被认作是世界上最稀有的水龟之一，但后来的研究表明，它在原产地颇为普遍。

高度水栖，常年生活于水中，四肢特化为像海龟那样的鳍状肢，在淡水龟类中也是绝无仅有

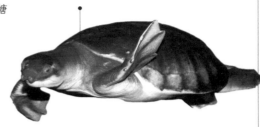

形态 猪鼻龟成龟背甲的长度可达46～51厘米，体重为18～22千克。背甲较圆，呈深灰色、橄榄灰或棕灰色，近边缘处有一排白色斑点。边缘略带锯齿，由于外缘骨骼发育良好，结构完整，没有像鳖那样的裙边，也没有盾片，代之的是连续且略带皱褶的皮肤。身体腹甲为白色、奶白色或淡黄色，略呈十字形。头部大小适中，无法缩入壳内。

习性 活动：龟类中的游泳高手，泳姿矫健优雅，倒游是它的绝技。成年龟生性好斗，若两只及以上共养，没有足够的藏身地会使它们因争斗而在背甲和皮肤上留下累累伤痕。**食物：**食量较大，食性杂，偏肉食性，小鱼、小虾、水生昆虫、水生植物，以及从树上掉落水中的果实与枝叶几乎都吃。**栖境：**河流、河口、泻湖、湖泊、沼泽和池塘等。

繁殖 每年7~10月的旱季是繁殖季节，成年雌龟于夜间爬上岸边沙丘，挖出深约20厘米的洞，每窝产7～19枚卵，卵为圆形，形似乒乓球。胚胎发育成熟后，会在卵内进入休眠状态，直到雨季洪水来临或大雨之后，稚龟即会破土而出。

长相最为奇特的淡水龟之一，鼻部长而多肉，形似猪鼻，故得名

▶ 别名：大洋洲猪鼻龟、飞河龟 | 分布：澳大利亚北部、新几内亚南部

| 四爪陆龟 | ▶ | 陆龟科，陆龟属 | *Testudo horsfieldii* Gray | Central Asian tortoise |

四爪陆龟

活动季节： 春、夏、秋季
活动环境： 丘陵、草原

四爪陆龟是世界上仅有的3种陆龟之一，在中国仅分布于新疆霍城县境内，为国家一级保护动物，是现存最古老的爬行动物之一。

将其举起时，会伸展四肢，做出举手投降状

形态 四爪陆龟背甲长12～16厘米，宽10～14厘米。头部与四肢均具黄色，头较小；喙缘锯齿状。前肢粗壮而略扁，后肢为圆柱形；四肢均有四爪，指、趾间无蹼。成年龟体色为黄橄榄色或草绿色，有不规则黑斑；腹部甲壳大而平，呈黑色，边缘为鲜黄色，并有同心环纹。前臂与胫部有坚硬大鳞，股后有一丛锥形大鳞。同龄四爪陆龟，雌龟大于雄龟。雌龟尾巴较短，尾根部粗壮；雄龟尾巴较细长。

习性 **活动**：生活习性与气候条件变化密切相关，晴天在山坡取食，阴天和夜晚躲在洞中。8月末入眠，休眠期达7个月。**食物**：肉食性，以蠕虫、螺类、虾及小鱼等为食，亦食植物茎叶。**栖境**：海拔650～1100米的黄土丘陵地带，土壤为灰钙土，土层较厚，土质疏松，湿度大，适于营造洞穴。

繁殖 出蛰后进入繁殖期。通过格斗获胜的雄龟才能与雌龟交配。4月下旬到5月上旬是繁殖旺季。5月上旬进入产卵期，产卵穴完成后开始产卵，过程约需5分钟。卵呈长椭圆形，鸽子蛋大小，窝卵数为3枚。产卵结束后用土埋住产卵穴口。卵的孵化依靠太阳光完成，整个孵化期约为120天。

背甲中部略微扁平，基本上呈圆形

▶ | **别名：** 旱龟 | **分布：** 哈萨克斯坦、吉尔吉斯斯坦、塔吉克斯坦、土库曼斯坦及中国新疆

锯缘摄龟 ▶ 龟科，摄龟属 | *Cuora mouhotii* Gray | Keeled box turtle

锯缘摄龟

活动季节：春、夏、秋季

活动环境：丛林、灌木、小溪

锯缘摄龟是最偏陆栖的半水栖龟类，生活在高山灌丛中，一般远离水源，环境湿度相对较低。它的摄食完全在陆地上进行，舌头较灵活，把食物压碎后吞咽。

三条脊棱间的背甲部分较平坦，正中钝圆，两侧几成直角向下

形态 锯缘摄龟成体背甲长14～18厘米，宽9～12厘米，壳厚5～7毫米。头部适中，背部灰褐色，散有蠕虫状花纹，眼后至额部有镶黑边的窄长条纹；上颌钩曲；眼大。背甲为棕黄色，较隆起，上有三条脊棱，前缘无齿，后缘具八齿。腹甲黄色，边缘具不规则大黑斑。尾短，四肢具覆瓦状鳞片，趾、间趾具半蹼。雄性体型较小，尾较长，尾基部粗壮；雌性体型较大，尾短。

习性 **活动：**爱定期饮水；温度19℃左右活动减少，随温度逐渐降低进入冬眠。冬眠期间场所必须保持潮湿。**食物：**杂食性，吃昆虫、蚯蚓、蜗牛、蛞蝓等，兼食幼嫩草茎和树上掉落的浆果。**栖境：**热带和亚热带地区的丘陵山区。

繁殖 产卵集中在4～6月，通常产4～8枚。随着饲养的锯缘摄龟增多，不少玩家已经成功繁殖出龟苗。

成体背腹甲之间及胸盾与腹盾之间有韧带发育，仅腹甲前半可活动闭合于背甲

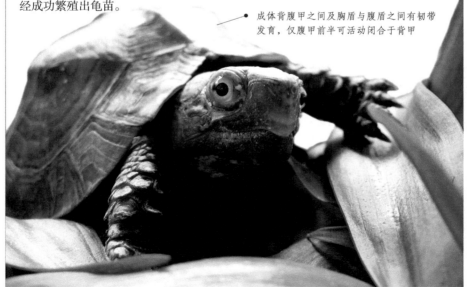

▶ 别名：八角龟、八棱龟、方龟 | 分布：越南、泰国、马来西亚及中国广东、广西、海南

齿缘摄龟　▶　龟科，摄龟属　|　*Cyclemys dentate* Gray　|　Asian leaf turtle

齿缘摄龟

活动季节： 春、夏、秋季

活动环境： 小河、小溪、池塘

　　齿缘摄龟又称摄龟，是现存最古老的爬行动物之一，身上长有非常坚固的甲壳，受袭击时可以把头、尾及四肢缩回龟壳内。现在可买到人工繁殖的个体，适合作为宠物。

[形态] 齿缘摄龟成体背甲长20～24厘米。背甲略扁，幼体长宽约相等，成体长大于宽；背中央脊棱幼体极明显，随年龄增长而不显；背甲后缘锯齿状，幼体尤为显著。腹甲较窄，前端平切，后端有3缺凹；甲桥短而明显；成年个体在腹甲舌板与下板之间有韧带发育。体色呈褐色甚至黑褐色，腹甲茶色或棕色，每片盾片上会有棕黑色斑块。身体两侧长有小型但明显的甲桥，连接着背甲和腹甲。幼龟相当扁平，类似于亚洲叶龟，但成龟的体型隆得比较高。

[习性] **活动：** 半水栖，是最偏向陆地生活的半水龟，更喜欢在潮湿泥土里生活而不是泡在水里。幼体比成体更倾向于水栖，成体更像是位底部爬行者而非真正的游泳者。温度25℃为最适宜，17℃以下进入冬眠。**食物：** 肉食性，以蠕虫、螺类、虾及小鱼等为食，亦食植物茎叶。**栖境：** 低海拔地区，幼体多水栖，成体可完全到陆地生活。

[繁殖] 巢挖在地上，里面产2～4枚细长形的硬壳卵，卵长6厘米、宽3厘米。孵化期将近2个半月。

作为一种箱龟，它具有一个可以关闭的腹甲关节

▶　别名：摄龟　|　分布：马来西亚和新加坡，苏门答腊岛，菲律宾群岛

| 金钱龟 ▶ | 龟科，金钱龟属 | *Cuora trifasciata* Bell | Golden coin turtle |

金钱龟

活动季节：春、夏、秋季
活动环境：山岗、泥穴

　　野生金钱龟极为稀少，在国际、国内市场上极为畅销，其名有"金钱归来"之寓意，很多地方的人在进宅的时候买回几只用于镇宅纳财，兴旺家居风水。它还是中药材，为中国传统的出口商品之一。

背甲棕色，具有明显三条隆起的黑色纵线，以中间的一条隆起最为明显和最长，故又被称为川字背龟

形态　金钱龟头部光滑无鳞，鼓膜明显而圆；颈角板狭长，椎角板第一块为五角形，第五块呈扇形，余下3块呈三角形，肋角板每侧4块，缘角板每侧11块；背甲棕色；腹甲黑色，其边缘角板带黄色；指和趾间具蹼；尾短而尖。雌性的龟背甲较宽，尾细且短，尾基部细，肛门距腹甲后缘较近，腹甲的2块肛盾形成的缺刻较浅。通常雌性个体比雄性大。雄性龟背甲较窄，尾粗且长，尾基部粗，肛门距腹甲后缘较远，腹甲的2块肛盾形成的缺刻较深。

习性　活动：有群居习性，在水域附近的山岗石穴或泥穴中活动，受惊后潜入水底，常到山溪或潮湿地觅食水生动物。水温在12℃以下，即进入冬眠状态。**食物**：螺、鱼、虾、蝌蚪等水生动物，也食幼鼠、小鱼、虾、螺类、幼蛙、金龟子、蚯蚓、蜗牛及蝇蛆，也吃南瓜、香蕉及植物嫩茎叶、种子。**栖境**：荫蔽的地方。

繁殖　生长缓慢，6龄以上性腺才成熟开始交配。翌年6月水温上升到25℃左右时雌龟才开始产卵，全期共产卵3～4次，每次产3～4枚卵。产卵前，雌龟会选择土质松软的浅滩沙堆或在树草根下挖土成穴，产卵于穴中，再用沙土盖穴，用身体压平实后才离去。

甲边缘周围坚皮呈金橘黄色，故又叫红边龟

▶　别名：川字背龟、三棱闭壳龟　|　分布：越南北部及中国广东、广西、福建、海南、香港、澳门

锦龟

活动季节：春、夏、秋季

活动环境：池塘、沼泽、小溪、湖泊

锦龟是小型的淡水龟类，身上有鲜艳的花纹，受人喜爱。该种群很喜欢晒背，可多达数十只彼此层层叠叠地聚集在一根圆木上。其求爱方式相当优美，雄龟会追逐雌龟并超过她，然后转过身来与她来个面对面，并抖动长长的前爪去敲打她的头和颈部；如果雌龟接受了雄龟的求爱，就会用前爪敲击他伸展在外的肢体以示响应；然后雄龟将游向别处，并引诱雌龟跟上前来，最后雄雌龟会沉到池底进行交配。

形态 锦龟体长10.2～25.1厘米，背甲长度10～25厘米，属小型水龟。背甲光滑，扁平，椭圆形，从绿色到黑色，部分亚种还带有红色斑纹。腹甲黄色，有时会夹带红色，有时又带有黑色到红棕色图案，大小和形状不定。皮肤为黑色到橄榄色，颈部、四肢和尾部长有黄色和红色条纹，头部有黄色条纹。雄龟具有较长的前爪和粗长的尾部。雌龟一般体型较大，前爪较短，尾巴也比较短和细。

习性 **活动**：日行性，夜间在池底或有部分浸在水中的物体上睡觉。太阳升起时变得活跃起来，再晒几个小时的背，上午晚些时候进行觅食。冬季进行冬眠，对氧气的需求大为减少。**食物**：杂食性，吃蜗牛、蛞蝓、昆虫、小龙虾、蝌蚪、小鱼、腐肉及水藻等水生植物。**栖境**：池塘、沼泽、小溪和湖泊，水流缓慢，水底铺着软淤泥，并有合适的晒背场地和丰富的水生植物。

繁殖 产卵数量2～20枚不等，各亚种间有差异。在自然条件下和人工饲养中，孵化期平均76天。

缘盾上长有红色的短横纹或新月纹

锦龟

凹甲陆龟　▶　陆龟科，马来陆龟属　|　*Manouria impressa* Günther　|　Impressed tortoise

凹甲陆龟

活动季节：春、夏、秋季

活动环境：丘陵、斜坡且离水较远的地方

　　凹甲陆龟俗称麒麟陆龟，在近缘种间是较原始的龟种，在我国野生数量极为稀少：一方面由于大量砍伐原始森林，破坏了它赖以生存的家园；另一方面是它可入药并且肉味鲜美而遭到捕杀，现被国家列为二级重点保护动物。

形态 凹甲陆龟体型较大，成体体长可达30厘米以上，宽可达27厘米，前额有对称的大鳞片，背甲的前后缘呈强烈锯齿状。背部黄褐色，腹甲黄褐色缀有暗黑色斑块或放射状纹。背甲与腹甲直接相连，其间没有韧带组织。四肢粗壮，圆柱形，有爪无蹼。雄性背甲较长且窄，泄殖孔距腹甲后边缘较远；雌性背甲宽短，尾不超过背甲边缘或超出很少，泄殖孔距腹甲很近。

背甲中央凹陷，故得名

习性 **活动**：身上长有坚固的甲壳，受袭击时可以把头、尾及四肢缩回龟壳内。雨季时，爱爬出饮水。环境温度达18℃以下较少动，整个身体埋入沙中进入冬眠。**食物**：在野外食植物，如竹笋、杂草、野果等；人工饲养时，食黄瓜、西瓜、香蕉、苹果、轮藻，但不食马铃薯、胡萝卜、莴笋和白菜叶。**栖境**：干燥环境，生活区域有月桂属的植物、蕨类植物、杜鹃花及为数众多的附生植物。

繁殖 每年5~6月是繁殖季，一窝产卵数量可高达10枚，是高产的陆龟。

▶　别名：麒麟陆龟　|　分布：缅甸、马来西亚、柬埔寨及中国湖南、广西、海南、云南

| 饼干龟 | ▶ | 陆龟科，饼干龟属 | *Malacochersus tornieri* Siebenrock | Pancake tortoise |

饼干龟

活动季节：春、夏、秋季

活动环境：岩缝

　　饼干龟最突出的特性是它那非常扁平却有着美丽图案的龟壳，像一个扁平的"饼干"；腹甲柔软，存在着一些韧带似的组织，如果你轻轻地挤压它竟然是有弹性的，手感非常好，这让它在遇到敌害时可以逃到岩石缝隙中并胀起身体，牢牢地缩在里面，让敌人无从下手。

形态 饼干龟体型比较小，龟板长度不超过18厘米，体重为500克左右。腹甲长度12～15厘米。胸甲上有一些大的光滑柔软区域。成年雄龟较雌龟有着更长更肥大的尾巴。

习性 **活动**：白天的许多不同时段里爬出岩缝，每次大约花1.5小时觅食，偶尔也会休憩一下。**食物**：肉食性，以蠕虫、螺类、虾及小鱼等为食，亦食植物的茎叶。**栖境**：海拔50～200米多石的山坡上，现分布于东非肯尼亚与坦桑尼亚的部分地区，居住的小山丘彼此相距很远，种群相互独立。

繁殖 卵生。每次只产1颗卵，一年中会产3～4窝不等的卵；卵呈细长形，孵化期为99～237天。

外壳柔软和有弹性，可以挤进比身体小的缝隙，然后撑起外壳上下顶住，任何动物都无法将它们拉出来

遇到侵害时不是把四肢缩进壳内，而是迅速地逃到最近的岩石缝隙中躲藏，攀爬能力也是其他陆龟品种不能比的

▶ **别名**：石缝陆龟、薄饼陆龟、东非薄饼陆龟 | **分布**：肯尼亚和坦桑尼亚

| 缅甸星龟 | ▶ | 陆龟科，象龟属 | *Geochelone platynota* Blyth | Burmese star tortoise |

缅甸星龟

活动季节：春、夏、秋季
活动环境：灌木林、草丛

缅甸星龟数量稀少，背甲具有特殊花纹，仅分布于缅甸仰光西方山区，受到学术界与陆龟爱好者的青睐。近年来由于栖息地遭到人为破坏，加上人为捕捉，野生族群数量已迅速锐减。所幸在我国台湾已成功地繁殖出缅甸星龟，未来人工繁殖的个体有望取代野生个体，以延续族群的生存。

形态 缅甸星龟成熟雌龟的背甲总长26～30厘米，雄龟的背甲15～18厘米。头及四肢呈现黄棕色，前脚布有粗大隆起的鳞片，腹甲黄色，有着大块的三角形黑色斑点。没有颈盾。尾部端末有角状物。雄性体形呈拉长状，腹甲凹陷，尾巴长大。

习性 活动：清晨第一道阳光透过树梢射向地面时，开始一天的活动，不但有着极高的摄食意愿，还会兴奋地向四处探索。当夜晚来临，会选择温度较高的岩洞或落叶处栖息。**食物**：纯植食性，喜欢吃果类、多刺仙人掌、茎叶肥厚的植物和蓟。**栖境**：森林居住者，喜欢栖息在温暖干燥的树林、草原或堆满土块的环境中。

繁殖 交配通常在7~8月进行。雌龟找到合适地点后，会在土上撒尿以使土壤变得松软容易挖洞，产完卵后雌龟走开。卵的数量少，约5厘米大小，通常雌龟一次产2～5颗卵。龟卵在29℃的温度下经过100天孵化。

缅甸星龟与印度星龟最大的差异是背甲与腹甲上的放射状花纹，前者的背甲有6条简单的放射状纹路，而后者则为8~12条，且在视觉上显得较为复杂

| ▶ | 别名：星龟、土陆龟 | 分布：缅甸南部 |

缅甸陆龟

活动季节：*春、夏、秋季*
活动环境：*山地、丘陵及灌木丛林*

缅甸陆龟是市面上最常见的陆龟之一，在市场上常被当做野味或宠物来贩售。由于遭到大肆捕捉和走私出口，造成其在印度东北部至越南、马来半岛地区的数量锐减。

形态 缅甸陆龟成体背甲长20厘米以上，最长达40厘米。头中等，头顶具一对前额鳞及一枚大的常分裂的额鳞；吻短。背高而甲长，有一颈盾，脊板较平；臀盾单枚，向下包。腹甲大，前缘平而厚实，后缘缺刻深。四肢粗壮，前肢扁圆，后肢圆柱形；前肢5爪；指、趾间无蹼。尾短，其端部有一爪状角质突。头淡黄绿色到灰白色，体淡黄褐色；四肢覆盖鳞片，黄绿色到黄褐色，有不规则黑色斑点。雌龟腹甲中央平坦，无凹陷，尾短，泄殖孔距腹甲后部边缘较近；雄龟腹甲中央凹陷，尾长且粗壮，泄殖孔距腹甲后部边缘较远。

习性 **活动**：喜暖怕寒。喜在沙土上爬动，白天活动少，夜晚活动多。每年6～9月活动、摄食旺盛。8月遇长期干旱后突然下雨，喜在雨水中爬行，非常兴奋，有的低头饮水，有的停在沙土上。**食物**：喜吃瓜果、蔬菜等，在野外还吃花、草、野果及真菌、昆虫、节肢动物和软体动物。**栖境**：湿度高的柚树林，在炎热、干燥的条件下于印度空地上也被观察到。

繁殖 每年5月开始交配，6、7、9、11月产卵。卵白色，长椭圆形，卵壳较其他龟卵壳厚，每次产卵5～10枚，1年产卵1～3批。卵长径43～48毫米，短径34～37毫米。卵重28～38克。

每一盾片有不规则的黑色斑块

印度棱背龟

活动季节：*春、夏、秋季*
活动环境：*河流、静水中*

印度棱背龟在南亚的大型河流中可见，是印度次大陆常见的宠物。该物种最典型的特征是高耸的背甲，尤其第三椎盾特别高耸，像一道明显的"屋脊"。

形态 印度棱背龟体型大小悬殊，通常雌龟为雄龟的一倍大。背甲高耸，上有小黑点，中部龙骨终止于五边形的第三椎盾一突出的结节上。腹甲黄色，幼体腹甲橘黄带黑色斑。头顶黑色，两侧为黄色；颈部黑带细黄色细纹。雌雄可以由尾巴来分辨，雌龟尾巴较短小，雄龟粗大。

习性 活动：变温动物，对环境温度的变化反应灵敏。摄食、活动等均受环境温度影响。温度在30℃左右时是最佳进食、活动、生长期。靠找凉或热的地方来控制每天体温的波动。人工小环境温度与自然栖息地一致时才能保证其生理和心理健康。11月至翌年3月冬眠。 **食物**：偏向杂食性，菜叶、死鱼、死虾和冷冻赤虫、面包虫等都能接受，饲养难度不高。**栖境**：大型河流，喜在流速平缓或静水中。

繁殖 卵生。雌龟每窝可产3~5枚卵，约80~100天孵化。

喜欢沐浴早晨的阳光，
有助于保持体温和促进
维生素D的合成

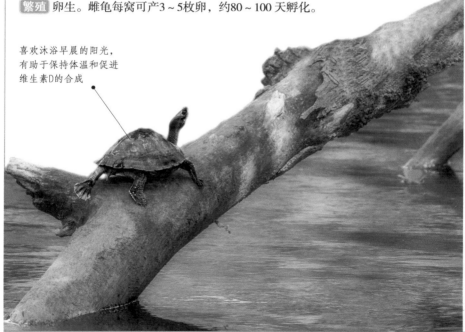

潮龟 ▶ 地龟科，潮龟属 | *Batagur baska* Gray | Northern river terrapin

潮龟

活动季节： 春、夏、秋、冬季

活动环境： 河口

潮龟是一种高度水生的种类，种群稀少，处于极危状况。由于其药用价值或作为食物而被广泛贸易，导致数量大幅下降。最初人们认为该种群已从柬埔寨消失，但2001年又重新被发现。

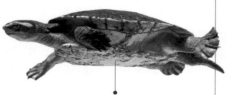

会进行季节性迁徙，长度达80～100千米

形态 潮龟的龟壳最长达60厘米，略为凹陷，幼龟的中央起角。颈部阔但短；胸甲很大；腹部龟板的阔度超过后叶的长度。头部细小，吻尖且突出向上，颚部边缘有锯齿。四肢阔大，有横间鳞片。龟壳表面及柔软部分呈橄榄褐色，下面呈黄色。侧棱略可见，腹甲甲桥非常宽大，并在过渡到腹甲处形成棱角。

习性 **活动：** 高度水生，能栖于大河之中，主要出现于河口和潮间带。**食物：** 非常能吃，食欲极其旺盛，幼体为杂食性，成体为素食性。**栖境：** 原产于热带，栖身于半咸水中，饲养时要将水温设定在30 ℃左右，并于水中放少许盐，以使其免疫力保持最佳，防止罹患水霉病，并促进食欲。

繁殖 卵生。每年12月至翌年3月繁殖，雌龟把卵产在沙岸上，每堆产卵10～34枚，产卵后离去。

成年后甲壳呈椭圆形，甲面光滑，几乎无棱，幼体却有明显的中央脊棱，且像它的亲戚棱背龟一样，有小突起

▶ **别名：** 巴达库尔龟 | **分布：** 印度、孟加拉、缅甸、泰国等东南亚国家，苏门答腊

133

棱皮龟

活动季节：春、夏、秋季

活动环境：海洋

　　棱皮龟是现存最古老的爬行动物之一，物种模式产地在意大利，会从美国西海岸艰苦跋涉6000英里（1英里=1.61千米）到印度尼西亚繁殖地产卵，因此闻名遐迩。它四肢巨大，并且进化为桨状，可持久而迅速地在海洋中游泳，故有"游泳健将"之称。由于栖息地环境恶化，数量骤减，未来数十年内有灭绝危险。

形态　棱皮龟的头部、四肢和躯体都覆以平滑的革质皮肤，无角质盾片。头特别大，不能缩进甲壳内；嘴呈钩状。背甲上的纵棱在身体后端延伸为一个尖形臀部，体侧的两条纵棱形成不整齐的甲缘。四肢呈桨状，无爪，前肢的指骨特别长；后肢短；尾十分短小。成龟身体的背面为暗棕色或黑色，缀以黄色或白色斑，腹面为灰白色。幼体的纵棱和四肢边缘为淡黄色或白色；腹部色白，有黑斑。

习性　**活动**：热带海域的中、上层，有时可进入近海和港湾中。**食物**：鱼、虾、蟹、乌贼、螺、蛤、海星、海参、海蜇和海藻等，甚至长有毒刺细胞的水母等。**栖境**：远洋热带海域的中上层，偶尔也见于近海和港湾地带。

繁殖　每年5～6月是主要产卵季节，雌性需要从海洋中陆续爬到海滩上掘穴产卵。产卵通常在晚上进行，行动十分谨慎，如遇外来干扰，会立即返回海洋。产卵之前先在沙滩上挖一个坑，每次产卵90～150枚，产卵后用沙覆盖，靠自然温度进行孵化，但每个窝中常有10多枚不能孵化成功。刚孵化出来的幼体体长为5～6厘米，会本能地立即向大海爬去。

背甲的骨质壳由数百个大小不整齐的多边形小骨板嵌合而成，其中最大的骨板形成7条规则的纵行棱，故得名

又称革龟，是龟鳖目中体型最大者，最大体长可达3米，龟壳长2米余；体重可达800～900千克

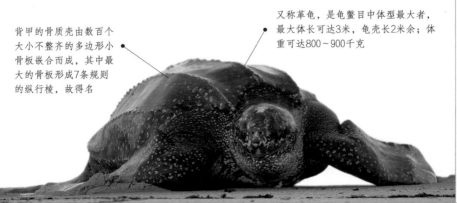

沼泽箱龟 ▶ 泽龟科，箱龟属 | *Terrapene coahuila* Schmidt & Owens | Coahuilan box turtle

沼泽箱龟

活动季节： 春、夏、秋季

活动环境： 水岸地区

　　沼泽箱龟绝大多数都拥有可以闭合的腹甲，当它们完全缩入壳中时，整个外观犹如一个密封的箱子或盒子。它是最适合新手饲养的龟种。

产于美国东部至密西西比河流域地区，常见于中部开阔平原和多沙地区

形态 沼泽箱龟背甲高，呈圆形，最长可达18厘米。腹甲中间有关节，可与背甲收紧连在一起，形成一保护"箱"，将身体的软体部分保护在内。甲褐色或稍黑，带黄色或橙色斑纹；背甲顶部扁平，褐色，带辐射状黄条斑。

习性 **活动**：体型较小，耐干旱能力较陆龟差，不能远离水源，除了少数森林型（如食蛇龟）或沙漠型（如沙漠锦箱龟）箱龟之外，多半生活在水岸地区，清晨或黄昏时段觅食。**食物**：挖掘地下的蚯蚓或枯木中的虫类、蜗牛、毛虫、甲虫等为食，也吃果实、青草、浆果类、菌类及野花等，主要在陆地上觅食。**栖境**：适应力很强，特别是分布于美国的种类；多半生活在水岸地区。

繁殖 繁殖方式与陆龟大同小异，以挖洞产卵为主。孵化时间为60～90天，比陆龟要短得多。

生活环境攸关其健康与成长，温度不足时，再饿也不会进食，环境理想，能活上50年以上

杂食性，食蚯蚓、昆虫、蘑菇和浆果，常为美国南部捕鸟犬和猎犬的捕猎对象

▶ 别名：箱龟 | 分布：美国和墨西哥

| 欧洲泽龟 | ▶ | 龟科，泽龟属 | *Emys orbicularis* L. | European pond turtle |

欧洲泽龟

活动季节：春、夏、秋季
活动环境：池塘

　　在欧洲大部分池塘中都可以看到欧洲泽龟的踪影，是十分普遍却又是少数原产于欧洲的水龟。它十分适合人工饲养，适应新环境能力较强，近年来随着人工繁殖的成功，我国玩家也有不少开始饲养欧洲泽龟。

分布在非常广大的范围，涵盖了西欧、南欧、西亚、北非等地中海周边区域。目前在美国有商业性的繁殖，市场上的幼龟多数是人工个体

形态　欧洲泽龟是典型的中小型水栖龟类，共有13个亚种，在外形、花纹和颜色上都稍有不同，辨识颇为困难，但雌雄辨别容易：雄性体型较小，尾巴粗大，眼睛多半是红棕色；雌龟体型大，尾巴较短，眼睛多为黄色。

习性　活动：大部分时间在水中度过，也会上岸觅食。耐寒力很强，但仍具冬眠习性。**食物**：杂食性，以水生无脊椎动物为食，也摄食水生植物类。成长后转变为偏素食性。一般水龟饲料、面包虫、冷冻红虫、小鱼小虾、青菜都可以完全接受。**栖境**：欧洲分布最广，野生种群生活在杂草生长茂密的浅水水域。

繁殖　冬眠后进行交配。在较温暖的地区，雌龟每年可产下3窝卵，每窝有5～10枚卵，算是十分多产。在比较寒冷的地区，通常2～3年才繁殖1次。幼龟食量大，成长快速，3～4年可以长成成龟。

外形、花纹和颜色会因分布地域差别而稍有不同

▶　别名：欧洲池龟　|　分布：欧洲、西北非和西北亚

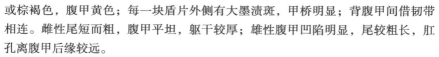

石斑龟

活动季节：春、夏、秋季

活动环境：江河、湖泊、水库、池塘

　　石斑龟在永久性和间歇性水体中均有出现，喜欢有大量原木或巨砾的栖息地，可以聚集起来晒太阳，也喜欢趴在水生植物上晒背，有时也藏匿在灌丛和树林中。

形态 石斑龟的四肢粗壮，有坚硬的龟壳，头、尾和四肢都有鳞，喉部黄色，头、尾和四肢都能缩进壳内。背甲呈黄色、黑色或棕褐色，腹甲黄色；每一块盾片外侧有大墨渍斑，甲桥明显；背腹甲间借韧带相连。雌性尾短而粗，腹甲平坦，躯干较厚；雄性腹甲凹陷明显，尾较粗长，肛孔离腹甲后缘较远。

习性 **活动：**白天多居于水中，夏日炎热时成群地寻找阴凉处。性情温和，相互间无咬斗。遇到敌害或受惊吓时，便把头、四肢和尾缩入壳内。11月到次年4月初冬眠，水温降到10℃以下时即静卧水底淤泥或有覆盖物的松土中冬眠。**食物：**杂食性，以动物性昆虫、蠕虫、小鱼、虾、螺、蚌、嫩叶、浮萍、瓜皮、麦粒、稻谷、杂草种子等为食。耐饥饿能力强，数月不食也不致饿死。**栖境：**半水栖、半陆栖性，主要栖息于江河、湖泊、水库、池塘及其他水域。

繁殖 卵生，1年能产4次卵，一般4月底～5月初进行交配，6月初～9月为产卵期。水温上升到25℃左右时产卵，每次产3～5枚。

产于热带、亚热带海洋中，肉多含有脂肪，可制油，卵可食用，甲也可作中药材

布氏拟龟

活动季节： 春、夏、秋季

活动环境： 池塘、沼泽、小溪

　　布氏拟龟是一种半水栖龟，主要
分布于美国五大湖地区。该种群不如
水栖龟那样好水，也不如陆栖龟那样偏
爱干燥，是一群既能在浅水中游泳，又能
在陆地上生存的龟。

生性温和，胆子很小，行动灵活，擅长游泳

形态 布氏拟龟平均壳长25.5厘米；壳宽18厘米。背甲光滑，形如钢盔，色黑，上面有许多形状不规则呈放射状排列的细点和蠕虫纹。腹甲具有铰链关节，黄色，并带有对称分布的黑色大型斑块。颈长，头部扁平，眼睛突出。雄性的腹甲轻度内凹。下颌和咽喉部呈亮黄色，凭此立刻就可以将它与那些晒背族们区别开来。

习性 活动：水栖为主，时常到陆地上晒背或寻觅昆虫和蜗牛。生性羞怯，常在麝鼠窝或圆木上晒背，一旦受到惊扰会逃遁而去。**食物：** 肉食性，有时也吃素。在野外主要吃甲壳动物、昆虫和幼虫。**栖境：** 喜欢平静的水域，居住于底部松软、植被丰茂的池塘、沼泽、小溪以及湖泊的浅水区。

繁殖 在野生条件下达到性成熟需要14～20年，人工饲养条件下，性成熟所需的时间大大缩短。交配通常在深秋和早春进行，交配后6周左右母龟便会产卵，每年产9～20枚，温度适宜条件下，幼龟在50天内可孵化。寿命60～80岁。

喜欢平静的水域，居住于底部松软、植被丰茂的池塘、沼泽、小溪，以及湖泊的浅水区

机会主义者，有很长的脖子，能像鳄鱼那样捕食，当小鱼游过时，会突然伸长脖子将其吃进嘴里

▶ 别名：黄拟龟、流星泽龟、布郎丁氏拟龟 | 分布：美国五大湖地区

钻纹龟

活动季节*：春、夏、秋季*

活动环境*：滩涂、海湾、沼泽和溪流*

钻纹龟的中文名为菱斑龟，分布于美国，它与众不同的体色和独特的迷彩服斑纹，使其当之无愧地成为观赏价值极高的物种，已被人们誉为美国乃至世界水栖龟类中数一数二的种类。

形态 钻纹龟两性异形，雌性体型较雄性大，生长于寒冷地区或更北部的品种体型没有生长在温暖地区的大，成年雄性龟壳平均长13厘米；雌性龟壳平均长19厘米。龟壳颜色为褐色至灰色，身体可为灰色、褐色、黄色或白色。身躯和头部有着独一无二的图案和黑斑。

背部斑纹像被切割的钻石，故名

习性 **活动**：白天活动，晒太阳和觅食。**食物**：以各种软体动物、螃蟹、蜗牛和鱼类为食，雄性偶尔吃一些植物。**栖境**：半咸水域的沿海湿地、滩涂、海湾、河口及沿海泻湖。

背部和头部有非常漂亮的图案和色泽，全身的花纹和颜色也很缤纷

繁殖 初春时进行交配，在初夏时雌性会产下一窝8～12枚卵，并将卵埋在沙丘中。夏末初秋时分，卵会孵化成小龟。雄性长至成熟约耗2～3年，雌性则需6～7年才长至成熟，彼时体长约为17.1厘米。寿命25～40岁。

钻纹龟

玳瑁　▶　海龟科，玳瑁属　|　*Eretmochelys imbricate* L.　|　Hawksbill sea turtle

玳瑁

活动季节： 春、夏、秋季

活动环境： 珊瑚礁、海湾、河口

　　玳瑁是中国古典诗歌中的意象之一，为精美豪华之意。汉乐府诗《孔雀东南飞》中对刘兰芝的装扮描写道"足下蹑丝履，头上玳瑁光"，李白也曾写到"常嫌玳瑁孤"。诗词中也常以"玳瑁筵"一词来描述筵席的精美与豪华。

上颚前端钩曲呈鹰嘴状

形态 玳瑁体型较大，背甲曲线长度65～85厘米，体重45～75千克。背甲棕红色，有光泽，有浅黄色云斑；腹甲黄色，有褐斑。头及四肢背面的盾片均为黑色，盾缘色淡。吻长，侧扁。头背具对称大鳞，前额鳞2对；颈前部、喉、颔部具若干小鳞。背甲较平扁，呈心形；颈盾宽短；腹甲前后缘弧形，前端具一扇形间喉盾。四肢桨状，前肢长于后肢，覆有并列大鳞和盾片，每肢外侧具2爪。尾短。

习性 **活动：** 经常出没于珊瑚礁中，活动能力较强，游泳速度较快。**食物：** 鱼类、虾、蟹和软体动物，也吃海藻。**栖境：** 沿海的珊瑚礁、海湾、河口和清澈的泻湖，相对较浅的水域。

繁殖 每年3～4月产卵，雌性白昼上陆在海岸沙滩挖穴产卵，坑穴直径约20厘米，深约30厘米，一个产卵期内分3次产卵，每次产卵130～200枚。卵球形，白色，壳软有弹性，卵径约3.5厘米，2个月左右孵化。

颈盾宽短，与第一对缘盾平列向前凸出

▶　别名：十三鳞、瑁、文甲、鹰嘴海龟　|　分布：亚洲东南部和印度洋等热带和亚热带

赫曼陆龟 ▶ 陆龟科，陆龟属 | *Testudo hermanni* Gmelin | Hermann's tortoise

赫曼陆龟

活动季节：春、夏、秋季

活动环境：草原或灌木丘陵地带

赫曼陆龟是欧系陆龟的代表品种之一，强健的体魄、活泼开朗的性格、适中的售价以及中等大小的体形，都使之成为非常合格的养殖入门品种。

寿命较长，饲养情况下不冬眠70～80年，按时冬眠约120年

形态 赫曼陆龟属中小型陆龟，东部赫曼陆龟的体型远远大于西部，体长可达28厘米，重3～4千克；西部赫曼陆龟很少会大于20厘米，一些成龟长大后只有12厘米。有一个略微弯曲的上颌骨，没有牙齿，有一个强大的喙部。四肢呈浅灰色至褐色，有鳞片及一些黄色斑纹，尾部有一条呈角状的尖端。成年雄性的尾巴比较长和粗，与雌性有明显分别。

习性 **活动**：性格十分活跃，白天很少睡觉，喜欢四处溜达，性格也具有攻击性。**食物**：杂食性，嗜食豆类植物，有时也捕食蚯蚓、蜗牛及昆虫。**栖境**：干燥草原或灌木丘陵地带内植物丰富且湿度较低的区域。

繁殖 卵生。西部赫曼陆龟因体型较小，雌龟每次产卵3颗，东部赫曼雌龟每次可以产下5～8枚卵，在30℃左右的温度，56～65天可以孵化。

幼龟或成龟会有一些诱人的黑色和黄色图案在甲壳上，亮度会随着年龄增长而褪减，变成一些不太明显的灰色或稻草黄色

▶ 别名：赫曼 | 分布：西班牙、法国、意大利、克罗地亚、黑山、希腊、土耳其

143

苏卡达龟　▶　陆龟科，象龟属　|　*Geochelone sulcata* Miller　|　African spurred tortoise

苏卡达龟

活动季节*：春、夏、秋季*

活动环境*：沙漠及干燥草原*

外观与豹纹龟相似，但甲壳上并没有花俏的纹饰，几乎是接近单纯的亮棕色，包括整个头部四肢及腹甲

据报道，英国一男子为了庆祝结婚纪念日，买了一只小巧可爱的乌龟，当时只有成人手掌的一半大，龟壳花样鲜明，看起来非常可爱。他们当时没想到，14年后小龟长成一个庞然大物，从头到尾有60厘米，并且未来还会继续成长。原来这只乌龟是苏卡达龟，世界第三大陆龟，生长速度非常快，寿命最长可达150年。

形态　苏卡达龟成年体长可达83厘米，体重可达105千克。背甲黄褐，幼体红褐；前缘中央具缺刻，没有颈盾，后缘锯齿状；腹甲淡黄，后缘缺刻较深。四肢圆柱形，具较大圆锥状硬棘；前肢5爪，后肢4爪。尾短，淡黄色。

习性　**活动**：属于沙漠及干燥草原陆龟，为躲避白天的日晒高温，大多于黄昏或清晨开始活动。**食物**：纯素食性，以高纤维植物、青草、仙人掌、莴苣等为食。**栖境**：主要非洲撒哈拉沙漠的南部，十分干燥，终年难得有水源地可饮水，所需水分必须从食物中获得，并借由高度不渗水的皮肤及挖地洞躲避日晒来保存体内的水分。

繁殖　多在雨季时交配，9～11月间一次可产下17～34枚卵，一年最多可生6窝，孵化需85～170天，受温度的影响。幼体孵化出来呈黄色，4.5～5.0厘米大小。

喉甲突出，某些雄性成体在前面及后面的缘盾会明显卷曲，大腿后侧有数枚圆锥形的粒状鳞片

▶　别名：苏卡达象龟、苏卡达陆龟　|　分布：埃塞俄比亚、苏丹、塞内加尔、马里、乍得

| 大鳄龟 | ▶ | 鳄龟科，大鳄龟属 | *Macrochelys temminckii* Troost | Alligator snapping turtle |

大鳄龟

活动季节：春、夏、秋季
活动环境：河流、湖泊、池塘及沼泽

　　大鳄龟是世界上最大的淡水龟之一，保持了原始龟的特征，嘴巴、背甲盾片、红舌都很奇特。该种群由于人类的猎杀及失去栖息地，被世界自然保护联盟列成易危。

嘴巴前端的上下颌呈钩状，似老鹰嘴一般，锋利无比，可轻松咬断人的手指

幼时黑色，四肢粗壮，肌肉发达，爪子尖而有力，善于爬行

形态 大鳄龟体型巨大，成年龟甲长0.4～0.7米，体重45～75千克，最大可达200千克，身长0.75～0.9米，雄性比雌性大。头部粗大，不能完全缩入壳内；脖子短而粗壮，长有褐色肉刺；眼细小；嘴巴上下颌较小，吻尖。尾巴尖而长，两边具棱，棱上长有肉突刺，尾背前边2/3处有一条鳞皮状隆起棱背，并呈锯齿状。背壳很薄，上皮以棕褐色为主，偶尔棕黄色；背部具有三条模糊棱，并有放射状斑纹。腹甲较背甲小，呈"十"字形。颈部呈灰褐色，与四肢、尾根都有十分突出的肉刺。腹部白色，偶有小黑斑点。

习性 **活动：**很少到陆地上活动，只有繁殖季节雌龟才会爬上岸边。15℃以下冬眠，10℃以下深度冬眠。**食物：**以鱼类、水鸟、螺、虾、水蛇等为食；捕食本领出众，会在水下张开大嘴，红色的舌头不停地扭动使小鱼误以为是食物游过去，这时候便一口把鱼咬住。**栖境：**北美洲密西西比河流域的河流、湖泊、池塘及沼泽中。

繁殖 卵生。雌龟每年4～6月产卵，每窝卵为10～60枚。卵壳坚硬，孵化出的幼龟长约1.7英寸（1英寸=2.54厘米），尾巴长于身体，11～13年后成年。

长相酷似鳄鱼，集龟和鳄鱼于一体，故称真鳄龟

▶ **别名：**鳄鱼咬龟、鳄甲龟、真鳄龟 | **分布：**美国南部的水域

| 拟鳄龟 | ▶ | 鳄龟科，拟鳄龟属 | *Chelydra serpentina* L. | Common snapping turtle |

拟鳄龟

活动季节： 春、夏、秋季

活动环境： 深河、湖泊、泥潭

　　鳄鱼龟（鳄龟）是现存最古老的爬行动物、世界最大的淡水龟之一，有"淡水动物王者"之称，分为两大种类，俗称大鳄与小鳄，大鳄又名真鳄龟，小鳄又名拟鳄龟。它因体型大且攻击性强，除了短吻鳄外较少有天敌，曾因人类的猎杀失去栖息地，被世界自然保护联盟列成易危物种，后因其观赏价值高、适应性强，深受国内龟类爱好者青睐。

背甲像半球形的屋顶，有些微小的锯齿状，颜色自暗橄榄绿到棕色都有

肋盾略隆起，随着时间推移逐渐磨耗

形态 拟鳄龟雄性比雌性体型大。头大小适中，上颌似钩状。背甲棕黄色或黑褐色，有3条纵行脊棱。腹甲灰白色，无上缘盾。尾略短，尾的背面有一锯齿形脊，又称尾棘。雌性的背甲呈方形，尾基部较细，生殖孔距背甲后缘较近；雄性的背甲呈长方形，尾基部粗而长，生殖孔距背甲后缘较远。

习性 活动：水栖性，平时在水中不好斗，在陆上却能猛冲猛咬。喜夜间活动、摄食。**食物：** 偏肉食性，主食鱼、虾、蛙、蝾螈、小蛇、鸭、水鸟，间食水生植物、掉下的水果。栖境：深河、湖泊、泥潭，偶尔接触咸水区域。

繁殖 每年4~9月交配，5~11月产卵，6月是旺季。每窝卵有11~83枚，通常有20~30枚，卵呈白色，圆球形，外表略粗糙，经55~125天孵化稚龟出壳。稚龟背甲呈圆形，黑色，每块盾片上有突起物。

稚龟重9.5~12克，背甲长24~30毫米

头与四肢很有力，尾巴相当长，而腹甲相对而言则较小

▶ 别名：小鳄龟、平背鳄龟 | 分布：北美洲东与中部、中美洲、南美洲西北部

四眼斑水龟

活动季节： *春、夏、秋季*

活动环境： *山区、山溪*

　　四眼斑水龟头部后面有两个黄或绿色的斑点，看起来像两个眼睛，故得名。它长到体重200克以上可培育绿毛龟，称孔雀斑绿毛龟，属高档、珍稀、名贵观赏动物。

性情胆小，连续多次将鼻孔露出水面呼吸后，静伏水底可达15～20分钟

形态 四眼斑水龟体型适中，最大甲长近20厘米，但市场上多为8～12厘米。头顶皮肤光滑无鳞，上颌不呈钩状；头后侧各有2对眼斑，每个眼斑中有一黑点。颈部有条纵纹。背甲呈长椭圆形，棕色且具花纹，后缘不呈锯齿状或略呈锯齿状。腹甲椭圆，后部有三角形浅凹缺，淡黄色，每块盾片均有黑色大小斑点。背甲与腹甲间借骨缝相连。四肢较扁平、细长，有细小鳞片，前肢外侧有3～4枚重叠排列的大鳞片。

习性 **活动：** 性情胆小。每年4～5月初水温15℃时少量活动，18℃左右时可在水中游动，6～9月间随温度上升活动范围增大，中午喜趴在岸边伸展四肢晒甲。11月水温低于13℃时进入冬眠，对触摸、振动、刺激反应迟钝，翌年1月水温10℃以下时进入深度冬眠，无排泄现象。**食物：** 杂食性，喜食动物性饵料，如猪瘦肉、小鱼、肝等，也食少量红萝卜、黄瓜及混合饲料。**栖境：** 水底黑暗处，如石块下、拐角处。

繁殖 交配多在水中或岸边进行。产卵期在5～6月中旬。每次1～2枚并有分批产卵的现象。卵长43毫米，宽22毫米，重15克左右。

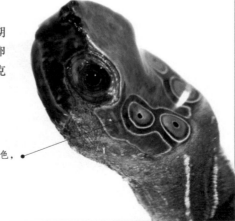

眼斑的颜色雌性为黄色，雄性为橄榄色

黄额闭壳龟

活动季节： 春、夏、秋季
活动环境： 又的溪流

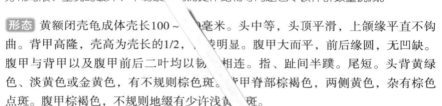

黄额闭壳龟又称 南闭壳龟，在北部湾、越南北 老挝及我国海南、广西有见，一般 于山区溪流中，但在海南岛的种群 活在低地上，陆栖性很强。该种群生 列为极危物种，但仍面临野生个体被 食用的威胁。此外，分布局限、生境的破坏、不易繁 和捕捉作宠物等问题也令该种群数量锐减。

形态 黄额闭壳龟成体壳长100～ 毫米。头中等，头顶平滑，上颌缘平直不钩曲。背甲高隆，壳高为壳长的1/2， 明显。腹甲大而平，前后缘圆，无凹缺。腹甲与背甲以及腹甲前后二叶均以 相连。指、趾间半蹼。尾短。头背黄绿色、淡黄色或金黄色，有不规则棕色斑。 背甲脊部棕褐色，两侧黄色，杂有棕色点斑。腹甲棕褐色，不规则地缀有少许浅黄 斑。

习性 **食物：** 杂食性，以蝗虫、鱼肉、虾肉、 主。**栖境：** 热带地区，生活于丘陵山区及浅水区域、山区溪流中、低地。

繁殖 每年6～10月为繁殖期。人工饲养个体每次产卵3～6枚。卵白色，呈长椭圆形，直径3厘米，长6厘米，重12克左右。

眼大，眼径大于吻长

背甲隆起，中间有一脊棱，背甲前后缘圆，无明显的凹缺

▶ 别名：海南闭壳龟、梅花盒龟、花背盒龟 | 分布：柬埔寨、老挝、越南及中国海南

希氏蟾龟

活动季节：春、夏、秋季

活动环境：水域、沼泽

身上长有非常坚固的甲壳，受袭击时可以把头、尾及四肢缩回壳内

希氏蟾龟白天活动较多，在自然界栖息于亚马孙河支流水域、水草丰富的沼泽区，最有特点的是身体背面长有很多不规则黑色斑点，最明显的特征是下巴底下的触须在捕获猎物时头部左右摇摆，像在跳摇头舞。

形态 希氏蟾龟鼻子、眼睛、头部两侧均有黑色线延伸到颈部两侧。下巴底下均长有一对触须。头部和颈部上灰黑色下白色，头、颈下部出现不规则黑色斑点。背甲上部黑褐色边缘带黄，腹甲乳黄色有不规则黑色斑点。四肢上部黑褐色，下部白色出现不规则黑色斑点。爪下部黑褐色无斑点，爪前5后4。尾巴较短小。

习性 **活动**：变温动物，对环境温度变化反应灵敏。摄食、活动等均受环境温度的影响。**食物**：肉食性，以小鱼、昆虫和蠕虫为食；也有人曾发现，极少数个体会采食水生植物。**栖境**：野生个体栖息于亚马孙支流水域或水草丰富的沼泽区等，喜欢弱酸性水质；人工繁殖或者人工饲养完全可以适应家庭饲养水质。

繁殖 第一次产卵最早时间在5月中旬，雌龟每年产卵数窝，每窝卵数与其年龄、营养状况有关。一般一只龟年产卵3～5窝，每窝卵20枚左右。差的一年一窝，一窝2～5枚卵；好的可在5窝以上，一窝卵数高达30个。

性别区分方式主要依靠体形：雄龟头大，四肢长，尾较粗长；雌龟体形较大，尾短小

| 豹龟 | ▶ | 陆龟科，象龟属 | *Geochelone pardalis* Bell | Leopard tortoise |

豹龟

活动季节： 春、夏、秋季

活动环境： 草原

豹龟是非洲大陆上体型第二大的陆龟，身上有配美丽花纹，具有强烈吸引力，越来越受到家庭爬宠爱好者们的欢迎。它已被大规模人工繁殖，适当地饲养，可以存活很长时间，甚至超过人类寿命。

形态 豹纹陆龟成龟体长可达46厘米，体重达18千克，雄性的体形比雌性龟大。背甲长可达68厘米，头颈黄棕色无斑，前额鳞1～2枚，顶鳞为数枚小鳞，背甲为深浅相套的杂色，腋盾2枚，胯盾1枚，与股盾相接。背甲高，圆顶，常有隆背。皮肤通常是奶油黄色，背甲标有黑色斑点及黑色条纹，每一只龟有其独特的斑纹。

习性 活动：喜欢在半干燥、带荆棘的草原上生活。面对危险时会把脚和头部收进壳里以保护自己并发出嘶嘶的声音，可能是由于四肢和头部被收回时空气从肺部被挤压而致。**食物：**完全素食，家庭饲养需定期补充钙粉及复合维生素。**栖境：**干燥草原及灌木丛，需要广阔的室内外活动空间。

繁殖 雌性一般会产5～15枚卵，形状上有很大不同，部分是因为性别差异，部分是产地差异。大多4.5厘米大，55克重。孵化时间比其他陆龟种要长，最长会超过一年，一般为130～150天。

在爬宠市场是最出名的适合饲养和繁殖的人工陆龟种

佛州红肚龟

活动季节：春、夏、秋季

活动环境：沼泽、湿地、池塘、湖泊等

　　佛州红肚龟生活在植被茂盛的多种淡水水体中，从沟渠到静水到春日溪流中均见。它的外观跟巴西龟颇相似，幼龟甲壳上的斑纹颜色尤其鲜艳斑斓，特别受到泽龟饲养者的欢迎。它学名中的"nelsoni"，是为了纪念美国生物学家乔治·尼尔森（George Nelson）。

形态 佛州红肚龟的甲壳斑纹较为鲜艳，部分个体有橙色、橙红色、荧光青色火焰斑纹，但成长后斑纹色彩会转深，甚至变成棕黑色。腹部则是橙红色或淡粉红色，缀有棕黑色花纹，长大后也不会消失。首、尾、四肢多是棕黑色，上面有一条条黄白色或鲜黄色蜿纹。

习性 **活动**：擅长游泳。性格活泼，短时间就能适应环境，日间会走上岸边，享受日光浴，进食时爱把食物拖进水中，受惊吓时亦会跑到水下。**食物**：幼年是杂食性，除了水生植物外也吃鱼虾贝类和各类昆虫；成年后会逐步转化为素食性。**栖境**：对环境的适应能力比较强，喜欢水质清洁处。

耳后部分通常是一块黄白色斑纹或向后伸延的蜿纹，跟巴西龟的红色斑块是最大分别

繁殖 卵生。每年5～8月繁殖，雌龟产卵可达5簇，每簇有卵10～20枚。雏龟孵出后是严格的"素食主义者"，以多种水生植物为食。

亚达伯拉象龟

活动季节： 春、夏、秋季

活动环境： 草原

　　亚达伯拉象龟的主要族群居住在塞舌尔的亚达伯拉群岛上。由于群岛得到了保护，较少受人类影响，所以岛上共有约10万只亚达伯拉象龟，是世界上最大的族群之一。亚达伯拉群岛由四个珊瑚环礁小岛组成，位于非洲东岸马达加斯加岛的北方。这个区域曾经分布有18种象龟，但在18～19世纪大量灭绝而只剩下唯一的亚达伯拉种。亚达伯拉象龟是第一只受国际保护的陆龟，也是世界上最大、最长寿的陆龟。

形态 亚达伯拉象龟头大，颈长。背甲中央高隆，椎盾5片；肋盾每侧4片；缘盾每侧9片，前后缘略呈锯齿状；颈盾1片；臀盾单片，较大。四肢粗壮，柱状。背甲、四肢和头尾均青黑色，每片椎盾和肋盾均有不规则黑斑，皮肤松皱。

习性 **活动：** 单独和群体生活，最活跃时间是早上寻找食物时；害怕强烈阳光，喜欢在树荫下生活；每天能爬行6千米，即使两个人站到龟背上它照样能爬行。**食物：** 草食性，会吃草、叶子和木质植物的茎，有时亦会吃小型无脊椎动物和腐肉，偶尔吃死龟的尸体。**栖境：** 倾向聚集于开阔的草原上，会挖地下洞穴或在沼泽中休息，在天气炎热时降温。

繁殖 每年2~5月繁殖，雌性交配后9日会在一个浅巢内生下约25枚卵，不到一半的蛋受精。雌性亦能一年产多窝卵。孵化需时约8个月，幼龟会在10～12月孵出。

背甲长可达1.8米，最重达375千克，是陆生龟类中最大的物种

加拉帕戈斯象龟

活动季节：春、夏、秋季

活动环境：有高大植被的地区

加拉帕戈斯象龟是体型最大的陆龟，仅分布于加拉帕戈斯群岛的9个小岛上。在达尔文初到岛上时，该龟的数量约有25万只，至1996年只剩下1.5万只。数量剧降的最主要原因是18～19世纪的捕鲸者及海盗常捕捉它作为在船上的粮食。

形态 加拉帕戈斯象龟体型庞大，体长1.2米，成年雄性比雌性大，雄性体重272～320千克，雌性为136～180千克。头大，颈长。褐色背甲壳骨质，大而沉重，中央高隆，椎盾5片；肋盾每侧4片；缘盾每侧9片，前后缘略呈锯齿状，微向上翘起；颈盾1片；臀盾单片，较大。四肢粗壮，柱状。背甲、四肢和头尾土黄色至青黑色，有的个体椎盾和肋盾均有不规则黑斑，皮肤松皱。

习性 **活动**：变温动物，天亮后要吸收太阳热量，每天晒1～2小时，觅食8～9小时，大多在清晨活动和行走，傍晚休息。**食物**：草食性，吃仙人掌、草、树叶、苔藓、地衣和浆果。每天进食32～36千克，消化吸收有限。**栖境**：生长有高大植被的地区，如加拉帕戈斯群岛仙人掌、仙人球生长的干旱环境。

繁殖 雌龟先用后肢挖一个30厘米深的圆柱形洞，产下16枚硬壳卵，82～157克不等，然后将巢洞用泥泞土壤和尿液混合后塞住，用腹甲压实密封，然后由太阳进行自然孵化和培育。

寿命估计可达200岁 •

辐射陆龟

活动季节：春、夏、秋季

活动环境：灌木和森林

　　辐射陆龟又叫放射陆龟，是一种花纹非常美丽的世界珍稀陆龟。吉尼斯世界纪录中，英国库克船长在1777年送给汤加王国国王的一只辐射陆龟，活到1965年才寿终正寝，足足活了188岁。

形态 辐射陆龟具有典型的陆龟体态：一个高高隆起的背甲，粗钝的头部和粗大的四肢。除了背甲鲜艳的颜色变化之外，腿和脚均为黄色，和头部的颜色一样。每片背甲的中央并不隆起，使得背甲十分平滑。星状花纹十分清晰。雄性与雌性之间也有不同，雄性的尾巴较长，雄性腹甲的凹陷比雌性明显。

习性 **活动**：下雨时会在雨中撑起并摇摆身体跳舞，像要把身上残存的土壤碎片摇落到地面一样。**食物**：草食性，吃水果和多汁植物，尤其是仙人掌、甘薯、红薯叶、胡萝卜、苹果、香蕉、苜蓿芽、紫甘蓝、油麦菜和各种瓜。**栖境**：在原始栖息地上经历过非常干燥的气候，在雨季时期也会历经非常潮湿的气候。

繁殖 雌性准备产卵时，用后腿挖出一个15～20厘米深的水瓶状的洞，产下3～12枚近乎球状的易碎的卵，然后盖上土离开。孵化期是145～231天。

具有最鲜明的花纹，每一块背甲中央都有一个黄色或橘色的中心，向外辐射出4～12条黄色或橘色条纹，粗细不一

星点水龟

活动季节： 春、夏、秋季

活动环境： 湿地、河海交界处或小型河川

　　星点水龟是美国发现最小的龟之一，身上有不规则黄色斑点花纹，大龄的龟通常有更多的斑点，甚至超过125个，均匀地分布在龟壳和面部，较为年轻的龟只有很少的斑点，经常是一块盾甲上有一颗。

头部呈黑色，具有黄色斑点

寿命在40年左右，成体14厘米左右，属于小型龟类

形态 星点水龟属于小型龟类，成体14厘米左右，最大甲长12.5厘米。全身以黑色为主，有不规则黄色斑点花纹，形成强烈、鲜明的对比。头部呈黑色，具有黄色斑点。背甲呈黑色，盾板上有数个黄色斑点。腹甲有黑色斑块，爪前5后4。尾巴较细长。雄性的下颚为黑色，眼睛棕色，有长而粗的尾巴；雌性的下颚为亮丽的橘黄色或略带红色，眼睛橘红色，尾巴短而细。

习性 **活动：** 白天活动较多，适应19～28℃，当温度低时会少量进食并且行动缓慢。**食物：** 杂食性的食腐动物，在水里和陆上都可进食，吃水草、绿色丝藻，也进食水生昆虫的幼虫、小型甲壳动物、螺类、蝌蚪、真螈和鱼类。**栖境：** 森林浅沼泽区或水草丰富的缓慢水流地带。

繁殖 每年3～5月产卵。在夜晚，雌性挖掘一个直径5厘米、深5厘米的洞，产下3～4个卵，然后小心地掩埋起来。11周后，2.5厘米大小的幼龟便被孵化出来并开始寻觅食物和隐蔽处。

幼体身体扁平，随着生长至成体背甲逐渐隆起

中华鳖 ▶ | 鳖科，中华鳖属 | *Pelodiscus sinensis* Wiegmann | Chinese softshell turtle

中华鳖

活动季节： 春、夏、秋季

活动环境： 江河、湖沼、池塘、水库

　　中华鳖又名水鱼、甲鱼、团鱼，是常见的养殖龟种。野生种在中国、日本、越南北部、韩国、俄罗斯东部都可见。它既有食用价值，也有药用价值。

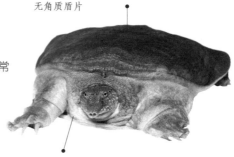

背腹具甲，通体被柔软的革质皮肤，无角质盾片

体色基本一致，无鲜明的淡色斑点

形态 中华鳖体长约30厘米。体躯扁平，呈椭圆形。头部粗大，前端略呈三角形。吻端延长呈管状，具长的肉质吻突。眼小，位于鼻孔后方两侧，视觉敏锐。口无齿。脖颈细长，呈圆筒状，伸缩自如。颈基两侧及背甲前缘均无明显的大疣。背甲暗绿色或黄褐色，周边为肥厚的结缔组织，俗称"裙边"。腹甲灰白色或黄白色，平坦光滑。四肢扁平，后肢比前肢发达，均可缩入甲壳内。尾部较短。

习性 活动：在安静、清洁、阳光充足的水岸边活动频繁，有时上岸但不能离水源太远；能在陆地上爬行、攀登，也在水中自由游泳；喜晒太阳或乘凉风。多夜间觅食。**食物：** 肉食性，以鱼、虾、软体动物等为主食。**栖境：** 江河、湖沼、池塘、水库等水流平缓、鱼虾繁生的淡水水域，也出没于大山溪中。

繁殖 每年4～5月水中交配，待20天产卵。首次产卵4～6枚，繁殖季节可产卵3～4次，5岁以上雌鳖一年可产50～100枚。选好产卵点后掘坑10厘米深，将卵产于其中，然后用土覆盖压平并进行伪装，不留痕迹。经过40～70天地温孵化，稚鳖破壳而出，1～3天脐带脱落入水生活。

前后肢各有5指（趾），指（趾）间有蹼，内侧3指（趾）有锋利的爪

▶ | 别名：鳖、甲鱼、王八、团鱼 | 分布：日本、越南北部、韩国、俄罗斯东部及中国

滑鳖

活动季节： 春、夏、秋季，冬季进入冬眠

活动环境： 无污染的平稳溪流和河流中

　　滑鳖被认为从白垩纪时期就出现在北美洲，但并没有化石证据支持。该种群通常沿着大型河流分布，如俄亥俄州、密苏里州和密西西比河等，数量较多、分布普遍，目前并没有被列入保护品种。

形态 滑鳖是中到大型的淡水鳖，雄性背甲长11.5～26.5厘米；雌性比雄性略大，背甲长16.5～35.5厘米。背甲呈卵圆形，软而光滑，边缘无刺；成年雌性背甲多为褐色或棕褐色并有不规则黑色斑点；雄性和未成年幼体背甲多为灰色、橄榄绿色或棕色，有深棕色小点或斑点，未成年幼体背甲上的斑纹较多。腹甲光滑无斑点，多呈白色或灰色。脖子较短可收缩；头部尖；鼻端突出，鼻子呈圆管状，中间无隔膜。雄性尾巴大而厚，肛门位于尾巴端附近，雌性的肛门在背甲边缘下。

习性 **活动：** 生活在水中，喜欢独来独往。雌性繁殖期返回陆地产卵，雄性在岸边捕食。冬季温度较低时在河底泥沙中冬眠，从11月到翌年3月。**食物：** 肉食性，以各种无脊椎动物为食，如水生昆虫、小龙虾、鱼类、两栖类、蜘蛛、蜗牛、蛤蜊等；偶尔吃水生藻类。采用埋伏捕食方式，将脖子伸长静静地等待猎物游近，捕到后"囫囵吞枣"。雌性在水深处觅食，雄性在浅水区或靠近岸边处觅食。**栖境：** 原始栖息地在北美洲中部，喜欢生活在无污染、水流平稳不湍急的大型河流中，在湖泊、沼泽、水塘、排水沟中也有分布；喜欢有水生植物的沙质河底，不会栖息在满布石头的河底。

繁殖 每年5～7月雌性产卵，每次产卵3~28枚，产在岸边距离水域18~30米远的沙滩中，产卵前用后肢挖出深15~30厘米的洞用来存储卵；产完卵后用后肢将卵埋起来。卵的孵化率约75%，孵化时间为8~12周。约4年性成熟，平均寿命20~25年。

背甲呈卵圆形，软而光滑，边缘无刺

| 珍珠鳖 ▶ | 鳖科，滑鳖属 | *Apalone ferox* Schneider | Florida softshell turtle |

珍珠鳖

活动季节： 春、夏、秋季

活动环境： 江河、山涧、溪流

　　珍珠鳖又名美国山瑞鳖，性情温顺，容易养殖，经济效益较高，成为当前龟鳖养殖的主要品种之一。但人工养殖的珍珠鳖很难适应自然水体的生活环境，侥幸存活也容易破坏本地的生态平衡。

头部较小，性情温顺

皮肤有辅助呼吸的作用，可长时间地停留在水下；裙边黄色，较为鲜艳

形态 珍珠鳖体形基本呈椭圆形，颜色金黄，比中华鳖光亮，而小苗颜色乌黑，背甲带有珍珠似的斑点，裙边像镶嵌了一道金边。头部较小。四肢较扁，指、趾间满蹼，均具3爪。背橄榄色或棕橄榄色，腹部肉色或灰色。尾短，雄性的尾尖超出裙边。

习性 活动：白天活动较多；水温低于12℃时，潜入水底淤泥及细沙中冬眠。**食物**：以软体动物、甲壳动物和鱼虾等为食。栖境：江河、山涧、溪流中。

繁殖 卵生。每年5～10月繁殖，6月为盛期。雌龟在夜间于向阳而潮湿的岸边沙滩或泥地上挖穴产卵，穴深11～18厘米；产卵场所距水面不超过2米。

纯肉食主义者，很少有晒壳的习惯

▶　别名：美国山瑞鳖、佛罗里达鳖　|　分布：美国中、南部

东部刺鳖 ▶ 鳖科，美洲鳖属 | *Apalone spinifera* Lesueur | Spiny softshell turtle

东部刺鳖

活动季节： 春、夏、秋季

活动环境： 河流、湖泊、水库、泉水

　　东部刺鳖分布南至墨西哥北部，北至加拿大的魁北克，也见于美国洛基山脉，地域广泛，较为常见。该种群的典型特征是身体扁平，没有坚硬的甲壳，而且肉味鲜美，经常遭到捕捉。

形态 东部刺鳖甲长18～45厘米。背甲上有大型环形斑或称为眼斑。身体呈橄榄色或棕褐色，带黑色斑点，背甲边缘有一条黑线，线外侧淡色。四肢上斑纹大而多。成年雌性体色不同于幼体及雄性，背甲呈大理石一般的杂色。有爪子，脚有蹼可游泳。雄龟的尾部比雌龟的长且厚。

习性 **活动：** 日行性，白天大部分时间用来在滚木或河岸上晒太阳和觅食。遇到惊扰时会迅速回到水体中或把自己埋进沙子里仅露出头部。它在水中亦可呼吸。**食物：** 肉食性，主食螯虾和其他甲壳类、鱼、昆虫和其他水生动物；人工喂养饲料为小鱼、小虾、贝类、鸡肉、动物肝。**栖境：** 喜欢生活在永久性的水体中，从激流大河到湖泊、水库，从沼泽小河到池塘和沙漠甘泉中均见其身影。巢穴有时遭到浣熊、臭鼬和狐狸的破坏。人工饲养温度为18～32℃。

繁殖 **卵生。** 每年仲春至晚春在深水里交配。雌龟在沙岸上产卵，产下9～38枚。8～9月雏龟孵出。8～10年性成熟。

鼻子长、锥形，末端上翘

圆形的甲壳软、扁平，没有鳞甲，边缘是柔软的小刺

胸部白色或黄色，可见下面的骨头

▶ 别名：不详 | 分布：美国纽约州、弗吉尼亚州、威斯康星州、新泽西州

三爪鳖 ▶ 鳖科，大鲵属 | *Trionyx triunguis* Peter Forsskal | African softshell turtle

三爪鳖

活动季节： *一年四季*

活动环境： *水流平缓的淡水湖泊和溪流之中*

三爪鳖分布广泛，遍布除撒哈拉沙漠以外的非洲各地及西亚和土耳其等地方，可以长到数米，体型较大。相传Tele湖中有体长5米的水怪，后经调查认为是三爪鳖，实际长度约2米。该种群神奇的地方是既能生活在淡水中也能生活在海水中，这与生活区域的水有关。在非洲，它被认为是美食，经常受到当地居民的捕食，目前濒临灭绝。

形态 三爪鳖是体型巨大的淡水龟，背甲长达101.5厘米。颈部细长，能伸缩；头部较小，吻部细长；鼻端突出，呈圆管状。背甲近圆形，光滑较软；橄榄绿到深褐色，边缘有黄色或白色圆点零散分布。头部和四肢呈橄榄绿色，密布黄色和白色斑点；下巴和喉咙处有大白色斑块；四肢底侧呈黄色。腹甲平滑，无斑纹，呈乳白色或乳黄色。雄性尾巴粗壮，尾端有肛门；雌性尾巴细小，肛门在背甲下。

习性 活动：高度水栖，白天黑夜都活动，白天觅食，离开水域筑巢和晒太阳，也频繁进入海中生活。**食物：** 杂食性，吃鱼类、水生昆虫、甲壳类、两栖类动物和植物。**栖境：** 水流平缓的淡水中，如大型河流、溪流、湖泊或池塘等。一般栖息在温暖水域，耐受咸水，在半咸水的湖泊溪流中亦见。

繁殖 每年4～7月交配繁殖，雌性6～7月下旬返回陆地筑巢产卵，用后肢挖出直径15~20厘米、深20~25厘米的洞，将卵产下，再将洞埋起来。雌性每次产卵25~100枚，平均产卵约35枚；卵呈白色，椭圆形，孵化期为56~58天。幼体约42~54毫米，重8~17千克。寿命较长，最长可达50岁。

静静埋伏，等猎物靠近时突然
将其捕获

▶ **别名：** 非洲鳖、尼罗鳖 | **分布：** 非洲除撒哈拉沙漠外均有分布，地中海东岸

鳄目

扬子鳄　▶　短吻鳄科，短吻鳄属　|　*Alligator sinensis* Fauvel　|　Chinese alligator

扬子鳄

活动季节：春、夏、秋季

活动环境：湖泊、水塘和沼泽

扬子鳄是中国特有的鳄鱼，也是世界上最小的鳄鱼品种之一。它既古老，又珍稀，现存数量非常少，濒临灭绝。因其生活在长江流域，故称"扬子鳄"。在它身上可找到早先恐龙类爬行动物的许多特征，所以又被称为"活化石"，对于人们研究古代爬行动物的兴衰和古地质学以及生物的进化有着重要意义。我国已经把它列为国家一级保护动物，严禁捕杀。

形态 扬子鳄身长1~2米，体重约为36千克。头部相对较大，扁平；眼睛呈土色；吻突出。四肢粗短，前肢5指，后肢4趾，趾间有蹼，爬行和游泳都很敏捷。尾长而侧扁，粗壮有力。

习性 活动：喜静，白天常隐居在洞穴中，夜间外出觅食。常紧闭双眼，爬伏不动处于半睡眠状态，给人们以行动迟钝的假象，可它一旦遇到敌害或发现食物时就会立即将粗大的尾巴用力左右甩动，迅速沉入水底躲避敌害或追捕食物。**食物**：最爱吃田螺、河蚌、小鱼、小虾、水鸟、野兔、水蛇等，食量很大，能把吸收的营养物质大量地储存在体内，有很强的耐饥能力，可以度过漫长的冬眠期。**栖境**：湖泊、沼泽的滩地或丘陵山涧长满乱草蓬蒿的潮湿地带。

繁殖 卵生，每年6月上旬在水中交配，体内受精。7月初雌鳄开始产卵，每巢约产卵10~30个，产于草丛中，上覆杂草，母鳄守护在一旁，靠自然温度孵化；孵化期约60天。

尾长而侧扁，粗壮有力，在水里能推动身体前进，又是攻击和自卫的武器

鳞甲本质上与真皮鳞类似，而形成方式与鸟类羽毛的发生有相似之处

▶　别名：中华鼍、中华鳄、土龙、猪婆龙　|　分布：中国长江下游地区

河口鳄

虹膜绿色，有上下眼睑与透明瞬膜

鳄目中唯一颈背没有大鳞片品种，亦被称为"裸颈鳄"

活动季节： 春、夏、秋季

活动环境： 河口、沿岸、死潭及沼泽

　　河口鳄是地球上已知最大的爬行动物之一，为23种鳄鱼品种中最大型的。它与鳄鱼和群中的其他鳄鱼一样，属于恐龙家族，大约2亿年以前就在地球上生存，至今没有发生过什么变化。它性情凶猛，强健有力，是游泳好手，凶狠残忍与其他鳄鱼无异，并是所有鳄鱼和迁徙动物中最具耐力的一群，可以游过1000多千米的海洋，从澳洲到达孟加拉湾。

[形态] 河口鳄成体较大，全长6～7米。吻较窄长，前喙较低，吻背雕蚀纹明显。外鼻孔单个，开于吻端。眼大，卵圆形外突。耳孔在眼后，细狭如缝。下颌齿列咬时与上颌齿列交错切接在同一垂直面上。颈部与头、躯无明显区别，颈背散列的颈鳞合成方块，左右各有1枚纤长骨鳞。躯干长筒形，为头长的5倍；背鳞16～17行，中背6行起棱而不成鬐，棱鳞入尾者最外1行离棱成2行尾鬐。尾粗，侧扁，可做有力袭击。四肢粗壮，后肢较长。

[习性] **活动：**清早爬到河岸上晒太阳，过热时到凉爽的水中去降温，晚上陆地气温比水温低时会待在温暖的水中，等待第二天清早继续晒太阳。**食物：**可以捕食任何吃得下的东西，包括螃蟹、大鱼、青蛙、蝙蝠、水禽、飞鸟甚至袋鼠、水牛、澳洲野犬，并会主动攻击并捕食人类。**栖境：**河口、河流、湖泊、死水潭及沼泽地，可以生活在咸水中较长时间。

[繁殖] 母鳄10～12年性成熟，长为2.2～2.5米，公鳄约16年性成熟，长约3.2米。交配后母鳄会在河岸边筑巢，产下40～60枚卵，孵化期为90天左右。

眼前各有一道骨嵴趋向吻端，但互不连接

成年体重可超过1吨

沼泽鳄

活动季节：春、夏、秋季

活动环境：沼泽、河流、水库、池塘

虽然名字叫沼泽鳄，实际上也常栖息于河流、水库、池塘等湿地，并喜爱在不到5米深的浅水区域。

形态 沼泽鳄是一种中型鳄鱼，平均体长4米，有些体型更大，长者达10米。头扁平，口鼻部宽阔而沉重，是真鳄科中口鼻部最宽的成员。眼睛有瞬膜和泪器保护，泪器用以产生眼泪。颌骨一对，强壮。体长大；尾粗壮，侧扁；背部和尾部布满鳞甲。有脚蹼。

习性 活动：凶猛不驯。成年鳄鱼经常在水下，只有眼鼻露出水面。耳目灵敏，受惊立即下沉。午后多浮水晒日，夜间目光明亮。容易成为湾鳄及老虎等猛兽的食物。**食物**：食物广泛，包括昆虫、鱼类、青蛙、蛇、水鸟至哺乳动物，包括其他掠食性动物如豹，有时袭击人类的渔网捉鱼。袭击人类的纪录不多，但2006年伊朗曾有小孩被沼泽鳄杀死。**栖境**：除了沼泽之外，也栖于河流、水库、池塘等湿地，喜爱在不到5米深的浅水区域。

繁殖 为了吸引雌性，雄性会于水面上把口关闭，发出洪亮的回音。雌鳄一般会一年产一窝卵，孵化期约2个月。有时会生2窝，这是现生鳄类中仅有的。

通常用腹部匍匐而行，也用脚行走，个体速度可达到每小时16千米；通过移动身体和尾巴的方式游泳，速度可达每小时32千米，但不能长时保持

暹罗鳄

活动季节*：春、夏、秋季*
活动环境*：沼泽、河流、湖泊*

　　暹罗是泰国的旧称，因此它也叫泰国鳄。该种群1992年被国际上认定野外种群已灭绝，但后来专家发现在泰国的Pang Sida国家公园和Ang Lue Nai野生动物保护区内还残存少数个体，生活在勉强可供栖息的小范围内。在柬埔寨的远离城镇、人迹罕至的沼泽地，尚有14个地点有该种群分布，在有人群活动的原分布区内均已灭绝。

形态　暹罗鳄成体最长可达4米，常见成体长2.5～3米，孵出雏鳄长约25厘米。吻中等长，稍凹，长度约为吻基宽度的1.5～1.6倍。两眼眶前端有一对短的尖锐棱崤，额上两眼眶之间有一眶间纵骨嵴。后枕鳞由4块稍大的鳞片组成，排成一横排。项鳞6块排列成群，中间4块排成一正方形。背鳞16～18横排，每排6鳞，背鳞被限制在背中部，不伸向体侧。尾背有双列鬣鳞19～20对。腹鳞中由稍扩大的鳞排成一横排。尾下鳞环列，泄殖孔周围为许多小鳞环绕。前肢指基部有微蹼。

习性　**活动**：一般不会对人类构成危害，但当认为自己受到袭击时也会攻击人类。**食物**：以鱼类为食，也吃两栖类、爬行类和小型哺乳动物。**栖境**：海潮波及不到的溪水沼泽地、溪流和河流流水缓慢的地段，也生活于湖泊等水体中。

繁殖　卵生。雌鳄长到12岁时性成熟。每年12月～翌年3月是交配活动期，4月是造巢期，雌鳄用口和后肢在地面上挖掘一洞穴，产卵于洞穴中。每窝卵有20～40枚，孵化期约80天。

体侧每边有2纵列稍大且略突起的鳞片

恒河鳄

活动季节： 春、夏、秋季

活动环境： 河流、池塘、沼泽

恒河鳄又名食鱼鳄、长吻鳄，是长吻鳄科恒河鳄属中的唯一品种。与其他鳄鱼一样，该种群因为身上的皮是制造皮件的原料而遭到捕杀，数量急剧减少，在IUCN红色名录上被列为极危物种。

不侵害人，但吃葬于恒河的漂浮死尸；有106～110颗锋利的牙齿，其中上颌骨有5颗，上颚有23～24颗，下颚有25～26颗

形态 恒河鳄身体修长，雄性体长5～6米，重159～250千克；雌性体长3.5～4.5米，重100～130千克；新生幼体长大约37厘米。口鼻部宽阔而沉重，是鳄亚科中口鼻部最宽的成员。上下颚特别细长，牙齿尖锐，便于横扫捕鱼。鼻子长而纤细，专门用来捕鱼，随着年龄增长，鼻子形状变得越来越薄。体色为橄榄绿色。

习性 **活动：** 能在水中的时间最长，达到1个小时以上，爬上陆地后腿部肌肉不足以将躯体抬离地面，无法像其他鳄鱼般用四肢平稳爬行，但可以使用腹部滑行。**食物：** 幼体吃昆虫、幼虫和小青蛙。成年体的食物几乎全部为鱼类，偶尔吃腐肉。**栖境：** 淡水鳄，喜欢栖在恒河、印度河、马哈拉迪河以及布拉马普特拉河等水流湍急、水质良好的河流里。

繁殖 每年2月交配，3～4月产卵，于河岸沙地挖洞筑巢，约50厘米深。每次产卵30～50枚，平均重160克，宽5.5厘米，长8.6厘米，孵化期71～93天，3周后幼鳄可以独立生活。

平均体长4米，有些体型更大，身体修长，体色为橄榄绿色

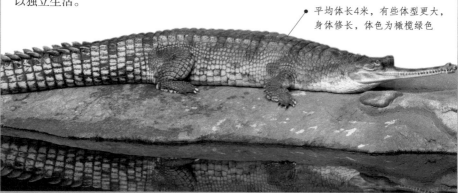

| 马来鳄 | ▶ | 长吻鳄科，马来长吻鳄属 | *Tomistoma schlegelii* Müller | False gharial |

马来鳄

活动季节：春、夏、秋季

活动环境：沼泽、湖泊和河流

马来鳄生活于马来半岛、加里曼丹、苏门答腊、爪哇的淡水沼泽、湖泊和河流中。被IUCN暂定为极危种或濒危种。历史上该种群的分布远要广泛，几百年前还曾出现于中国南方。这种鳄鱼十分凶猛狡猾，有爬上渔船袭击渔民的记录。

平均体长为3米，也有的达到4米，体色橄榄绿，背上有模糊的黑色横条纹

形态 马来鳄形似恒河鳄，但头部会逐渐往口鼻部缩窄，也没有雄性食鱼鳄吻端的球状突起。口鼻部细长，口内有80枚大小一致的牙齿。平均体长为3米，也有的达到4米。体色为橄榄绿色，背上有模糊的黑色横条纹；尾部强而有力，有助于游泳，眼睛有黄棕色虹膜。

习性 **活动：**行动迅猛，攻击性强。**食物：**食性很广，胃内被发现有食蟹猴、小鼷鹿、野猪、狗、鸟、巨蜥、蛇、虾等，此外还有石子和露兜树叶，有两例还被发现有许多寄生线虫。**栖境：**有特定的漂浮植物丛和成荫的水边栖息地，如淡水沼泽、湖泊和河流，最喜爱森林泥炭沼泽地。

繁殖 卵生。雌鳄长至2.5～3米时达到性成熟，每年旱季6～8月为造巢期，将所有巢建在大树基部的泥炭丘上，该丘由植物尸体等有机物质逐渐沉积于树根而形成。巢直径为1.2～1.4米，高约0.6米。卵产于卵窝中，每窝卵有15～60枚，卵较大。

▶ **别名：**马来长吻鳄 ┃ **分布：**马来半岛、加里曼丹、苏门答腊

马来鳄

| 尼罗鳄 | ▶ | 鳄科，鳄属 | *Crocodylus niloticus* Laurenti | Nile crocodile |

尼罗鳄

活动季节：春、夏、秋季
活动环境：湖泊、河流、淡水沼泽、盐水区域

尼罗鳄是非洲最大的鳄鱼，为23种鳄鱼当中被人类研究最多的一种。该种群十分凶残，却对一种叫作牙签鸟的小鸟非常友好。这种鸟经常在尼罗鳄身上和嘴里找虫子吃，而且感觉非常敏锐，听到一点动静，就会急忙拍打翅膀，大声喧哗。听到牙签鸟的"提醒"，尼罗鳄会立即沉入水底，避免受到意外的袭击。

形态 尼罗鳄的体型非常庞大，体长2~6米，平均体长为3.7米，成年个体的体重225~1000千克。整个身体为橄榄绿色至咖啡色，有黑色斑点及网状花纹。躯干背面有坚固厚鳞甲6~8纵列；四肢外侧有锯齿缘，趾间有蹼。尾巴强而有力，有助于游泳。幼体呈深黄褐色，身体和尾部有明显的横带纹，成年后横带纹颜色变淡。

习性 活动：喜欢在水中生活，一到旱季就会有大量动物因缺水而死亡，为躲避这种不利的生存条件，常用嘴和脚在河岸上挖掘洞穴，旱季期间躲藏于地底之下，一直到下一个雨季来临为止。**食物**：幼体常以小型水生无脊椎动物、昆虫等为食。成体则捕食包括羚羊、水牛、河马幼体等在内的大型脊椎动物。**栖境**：有很强的环境适应力，在湖泊、河流、淡水沼泽、盐水区域均见。

繁殖 雌性会于沙质的河岸挖洞造巢，每次可生25~80枚卵，孵化期约3个月，刚刚孵化出的幼鳄全长约30厘米。12~15岁性成熟。寿命为70~100岁。

会捕食羚羊、斑马、水牛等，甚至可以猎杀河马、狮子，有时会袭击人类

时常遭到人类捕杀，将其表皮制作皮革

非洲侏儒鳄 ▶ 鳄科，非洲侏儒属 | *Osteolaemus tetraspis* Cope | Dwarf crocodile

非洲侏儒鳄

活动季节： 春、夏、秋季
活动环境： 河流、池塘

　　非洲侏儒鳄是世界上最小的鳄鱼，主要分布在西非和中非。由于先天性因素导致身体比例严重失调，成体也只长1米左右，相当于其他鳄鱼的约1/5。有人开始将它当做宠物来饲养。

与其他鳄鱼不同的是，不仅在背部长有鳞片，在腹部也长有盔甲似的鳞片

形态 非洲侏儒鳄体型小，身长约1米，最大记录1.9米。口鼻部短。成体体色是分布十分均匀的黑色，腹部黄色，有众多的黑斑。幼体在身体和尾巴上有着亮棕色的条带，头部有黄色图案。

习性 **活动：** 森林夜行鳄类，夜间捕食。偶尔一些个体单独出现在大草原的池塘中；旱季时洞穴都占满了，经常会爬上树去晒太阳。受到威胁时会立即潜进水内，并藏匿于河底的洞穴。**食物：** 蟹、青蛙及鱼类。**栖境：** 适应性强，见于中非和西非热带雨林中流动缓慢的水域中。

繁殖 大部分时间单独行动，每年6～7月交配产卵；交配期间才会与异性一起。用腐烂了的植物和泥巴筑巢，每次产10～17枚卵。

生性懦弱胆小，较温驯，喜独居，不会群聚，生活在流速缓慢的水域中，体型细小，频繁遭受当地人狩猎，主要用于食用，被列为中等受危或濒危物种

▶ 别名：侏儒鳄、西非矮鳄 | 分布：西非和中非

非洲狭吻鳄 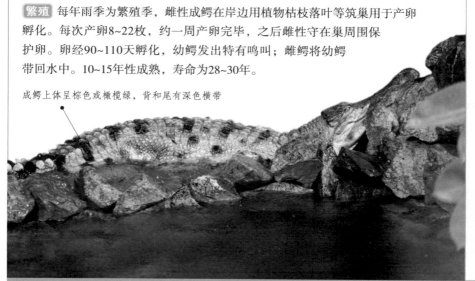 鳄科，鳄属 | *Mecistops cataphractus* Cuvier | Slender-snouted crocodile

非洲狭吻鳄

活动季节：春、夏、秋、冬季

活动环境：植被密集的湿地、河流、湖泊和近海岸微盐水区

非洲狭吻鳄因为嘴形偏狭而得名，对水质的要求较高，一般出没于密集的植被覆盖区河流、大湖泊等地区，数据也显示出它们能忍受一定的盐度。目前该种群面临濒危，已经被列入《濒危野生动植物种国际贸易公约》。

形态 非洲狭吻鳄体型中等，成年体长2.5~4米，体重125~325千克；雏鳄长约31厘米。头部呈长方形，较高；眼睛突出于头颅，有活动眼睑，虹膜呈黄色，瞳孔垂直。吻平滑细长，吻长是吻宽的3倍，鼻孔位于吻端。闭口时第四下颌齿外露，齿为长针状。四肢短粗，指基具微蹼。头后有后枕鳞1~2对；项鳞3~4排，从前向后鳞块增大，与背鳞相接。背鳞18~19排，每排6鳞，全部具嵴棱，体侧有几块不规则大鳞分开排列或形成一松散排列。尾背鳞中间具发达的鳞嵴。腹部鳞片有皮肤感官，25~29横排。幼鳄体色鲜艳，有暗斑和黄色斑，腹部呈白色或浅黄色。

习性 **活动：**夜间在水中栖息，白天上岸。在陆地靠四肢爬行，水中用四肢和尾巴游动，喜阳，喜欢在岸边晒太阳。**食物：**捕食鱼类、两栖类和甲壳类动物，偶尔捕食小型哺乳动物、鸟类等。**栖境：**热带淡水湖泊、河流、植被密布的湿地和附近岸边。

繁殖 每年雨季为繁殖季，雌性成鳄在岸边用植物枯枝落叶等筑巢用于产卵孵化。每次产卵8~22枚，约一周产卵完毕，之后雌性守在巢周围保护卵。卵经90~110天孵化，幼鳄发出特有鸣叫；雌鳄将幼鳄带回水中。10~15年性成熟，寿命为28~30年。

成鳄上体呈棕色或橄榄绿，背和尾有深色横带

别名：西非矮鳄 | 分布：中非和西非热带雨林中

美洲鳄 ▶ 鳄科，鳄属 | *Crocodylus acutus* Cuvier | American crocodile

美洲鳄

活动季节：春、夏、秋季

活动环境：海湾、河流、湖泊、沼泽

　　美洲鳄是一种大型鳄鱼，为4种现存的美洲鳄鱼中分布最广泛的一种，主要见于北美洲美国佛罗里达州及墨西哥沿太平洋到南美洲秘鲁、委内瑞拉一带。

形态 美洲鳄全长3.2～4.8米，重180～450千克。雄性较大。口鼻部拉长，比美国短吻鳄相对长且窄；有一对强壮的颚骨；眼睛有瞬膜和泪器保护，泪器用以产生眼泪。整体比起其他深色鳄鱼的颜色要浅并且灰一些。

习性 **活动：**白天常隐居在洞穴中，夜间外出觅食；白天有时也出来活动，尤其是喜欢在洞穴附近的岸边、沙滩上晒太阳。通常用腹部匍匐而行，也可以用脚行走，速度可达到每小时16千米。通过移动身体和尾巴的方式游泳，速度可达每小时32千米。**食物：**主食鱼类，也吃鸟类、哺乳动物、海龟、蟹、蛙，偶尔吃腐肉。**栖境：**咸淡水交界的红树林、沼泽等湿地。

繁殖 每年4～5月产卵，每窝产卵30～70枚，孵化期75～80天，期间雌雄共同守卫巢穴。野生种寿命60～70岁，最长可达100岁，1～4岁时死亡率极高。

四足动物，有四条短腿，一个长且强有力的尾巴，背部和尾部布满鳞甲，最大个体记录是全长6.1米，体重907千克

鼻孔、眼睛和耳朵都位于其头部顶部，身体其余部分可隐蔽水下利于突袭，伪装有助于捕食猎物

美国短吻鳄

活动季节： *春、夏、秋季*
活动环境： *淡水、沼泽、池塘、湖泊、河流、溪流和湿地*

美国短吻鳄又称密河鳄，是西半球大型鳄鱼品种，已发现最大的有5.8米长，在华盛顿湖边植物园北边的湿地岛和路易斯安那州；最大的重量可超过1吨。该种群袭击人类的纪录远比其他鳄鱼少，但在某些地区仍被视为不受欢迎的危险动物而被人驱逐。

形态 美国短吻鳄雄性的体型比雌性大，有圆而宽的口鼻部，上颌每侧有齿17～22枚，下颌每侧17～22枚。体长大。眼小而微突；颅骨坚固联结，不能活动；具顶孔。齿锥形，着生于槽中，为槽生齿。舌短而平扁，不能外伸。躯干部背面的角质鳞共有18横列，其中8列较大；趾间有不完全的蹼。尾粗壮，侧扁。成体具有均匀的黑色或橄榄褐色，头部皮肤紧贴头骨，躯干、四肢覆有角质鳞片或骨板。幼鳄为黑色，身上点缀无规律的黄色横向带纹，成年后会消失，因其会逐渐被黑色素及藻类遮蔽。

习性 活动：通常挖洞穴居。用嘴和带爪的脚钻凿泥土，用尾巴把稀泥和泥土扫开。其洞穴可以是在河岸土堤中的一个洞或隧道，也可以是水塘底部的鳄鱼洞。通常在清凉的黄昏捕食，为了捕捉水面上的雀鸟，有时会突然用其尾部支撑着身体站起来。**食物：** 幼鳄以无脊椎动物、青蛙及鱼类为生，成年后改吃龟、水鸟及哺乳动物。**栖境：** 沼泽、池塘、湖泊、河流、溪流和湿地中甚至运河沟渠。

繁殖 交配在水里进行，雌鳄将卵产于植物碎屑堆内，每次可以产20～50枚卵，并在约65天的孵化期内一直守着。

双颞窝类，是最高等的爬行类动物之一

美国短吻鳄

古巴鳄

活动季节： 春、夏、秋季

活动环境： 淡水沼泽

中等体型鳄类，一般情况下体长都在3.5米以内，主要栖息于淡水中

古巴鳄又叫菱斑鳄，是现存鳄类中分布区最狭窄的一类，目前主要分布在古巴西南的萨帕塔沼泽。该种群生性好斗，善于跳跃，于1959年接近绝种。此后古巴政府于1959～1960年间在野外捕捉了数百只野生古巴鳄于饲养场作保育用途，而后开始重建其种群。

形态 古巴鳄体型中等，全长2.1～2.3米；重70～80千克。成熟的大型雄性可达3.5米长，重215千克。身体黑、黄相间，眼球之上的位置有骨质突起。成年鳄的黄黑斑纹较不明显。

习性 活动：在陆地上拥有很快的速度，可以在短距离内以20千米/小时的速度奔跑，可谓陆地上行动能力最强的鳄鱼。生性好斗，整个身体可以跃出水面捕食。**食物**：鱼和小哺乳动物。**栖境**：古巴西南部的淡水沼泽中。

繁殖 繁殖期比美洲鳄晚。对古巴鳄的繁殖行为，尚知之甚少，只知其挖洞产卵，每次产下20～50枚卵。人工饲养条件下每窝产卵约30枚。

巢穴多由山泥石灰、土壤、植物混合筑成

澳洲淡水鳄

活动季节：春、夏、秋季

活动环境：淡水河流、湖泊

　　澳洲淡水鳄是澳洲特有的品种，生活于澳洲北部的淡水河流、湖泊中。虽然有被偷猎威胁，但它受到严格的保护，属于易危物种。当受到敌人袭击时，它们会采用一种奇怪的步法，跑起来前腿也一起工作，和后腿的运动正相反——前腿蹬地时，后腿向前迈出；后腿着地时，前腿奋力向前——奔跑速度可达每小时25千米，很容易躲避危险。

形态 澳洲淡水鳄体型中等，野外个体很少超过3米。雄性比雌性大，雌性最长2.1米。吻部窄而尖，牙齿尖锐。体色亮褐，身体和尾巴布有暗色条纹。身体鳞片相对大、宽，背部鳞片紧密。腰窝、腿外侧鳞片圆。幼体长好几个月仍然相对较小。

习性 **活动**：常在淡水入海口，以及小溪和湖泊中活动。**食物**：以鱼、昆虫、无脊椎动物和小型脊椎动物为食。**栖境**：澳洲北部的淡水河流、湖泊、泻湖中。

繁殖 每年7月交配，8～9月产卵。雌性会在沙质河岸上利用相同的地点挖洞反复产卵，巢的位置必须高于洪水水面，孵化必须在雨季来临前，另外太阳的温度也会影响胚胎发育。

一些个体吻部有独特的斑纹或斑点

吻部狭窄的中型鳄鱼，牙齿数量总计68～72颗

▶ | 别名：鱼鳄、约翰斯顿河鳄 | 分布：澳大利亚昆士兰地区

奥里诺科鳄

活动季节：*春、夏、秋季*

活动环境：*河流、泻湖*

奥里诺科鳄是世界第二大鳄和最大的淡水鳄种，只生存在委内瑞拉和哥伦比亚，由于鳄鱼皮贸易而数量骤减，历史记录中堪比湾鳄的巨大个体如今已经无法见到。后来经过10年的保护工作，至2000年已繁殖和放回自然界2150条，其中1400条在阿普雷州，一般是鳄鱼长到80厘米后，在雨季开始时放回河里。

形态 奥里诺科鳄体型大，体长可达7米。

习性 活动：性情比其他鳄鱼种类温和，较少伤人，喜欢静水域，春季变得活跃。**食物**：机会主义的顶级掠食者，任何在它领地内的活动生物都是其食物，包括鱼类、爬行动物、鸟类和哺乳动物等。**栖境**：哥伦比亚东部和委内瑞拉的奥里诺科河盆地中的安静河流和泻湖中；在奥里诺科河口一带，与美洲鳄分享共同的栖息地。

繁殖 繁殖习性可能与美洲鳄相似。奥里诺科鳄在动物园没有繁殖过，但在有些私人养殖场中可以繁殖。

西半球最大的鳄，其特征与美洲鳄
非常相似 ●

巴拉圭凯门鳄

活动季节： *春、夏、秋季*

活动环境： *河流、湖泊、池塘和沼泽*

　　巴拉圭凯门鳄长期被看作是眼镜凯门鳄的一个亚种，现在被承认是一个独立的种，主要栖息于南美洲，可以活约60岁，有些甚至达100岁。

眼睛上方有非常明显的骨的突出

形态 巴拉圭凯门鳄一般可达2米长，有记录的最大长度为2.7米，重60千克。背部呈深橄榄色，腹部颜色浅，呈黄绿至白色。眼睛上方有非常明显的骨的突出。

习性 **活动：** 生活在淡水中，很少离开水，在干旱状况下将自己埋在泥浆里。白天浮在水面上，晚上活动。**食物：** 成年鳄吃鱼和其他爬行动物、两栖动物和水鸟。**栖境：** 水流缓慢、河底淤泥和植物生长多的热带和亚热带河流，也生活在湖泊、池塘和沼泽里，在咸水里也被观察到过。

繁殖 雌鳄长到120～150厘米、雄鳄长到约160厘米时性成熟。雌鳄产14～40枚卵，将它们埋在一个由腐败植物和泥堆成的丘中，位于岸边或在浮着的植物上。孵化期为85～90天。孵化后不久，雌鳄会扒开丘，帮助幼鳄破卵。幼鳄黄色至棕色，有深色的横条。

寿命约60岁，据说有些甚至达100岁

眼镜凯门鳄

活动季节：*春、夏、秋季*
活动环境：*河流、湖泊、沼泽*

眼镜凯门鳄因为眼球前端有一条横骨，就像眼镜架一样，因而得名。该种群原产于中美洲及南美洲一带，不过其后被人类带到美国佛罗里达州及古巴，目前分布广且数量多，是提供国际鳄皮贸易的最主要种类。

形态 眼镜凯门鳄一般体长1.2～2米，最大可达2.5米；初孵出来的幼鳄20～25厘米长。嘴长，背面呈橄榄绿色，头部、身体上有深色斑纹，背部及尾部上则有深棕色或黑色横带纹，肚皮是纯米色或者浅黄色。幼鳄下颌两侧有淡色斑，长大到约35厘米长时，斑纹会全部消失。

习性 **活动：**静伏不动，偷袭路过的陆生脊椎动物，在水中偷袭游近的鱼类与其他水生脊椎动物。有时也用身体和尾巴驱赶鱼类到浅水处，或于开阔的水体将鱼类驱赶到狭窄的岸边后再捕食。**食物：**食物随年龄、季节及栖息地的不同而变化。幼鳄以无脊椎动物为食，特别是鞘翅目昆虫，也进食螺、虾及蟹等。成年鳄主要以脊椎动物为食，包括水生及陆生脊椎动物。**栖境：**广泛的水域栖息地。

繁殖 通过跃出水面、炫耀尾巴、轻咬和摩擦头部与颈部等求爱。巢由叶子、小树枝、杂草和泥堆成小丘状。雌性每次产卵达40枚，整个孵化期会有规律地关心和保护巢址。幼鳄出壳时发出叫声，雌性将巢挖开护送雏鳄进入水中，有时雄鳄也协助。

• 在原生地以外的地方，是极具威胁性的外来物种

PART 6
182页

喙头蜥目

| 喙头蜥 | ▶ | 喙头蜥科，喙头蜥属 | *Sphenodon punctatus* Gray | Tuatara |

喙头蜥

活动季节：春、夏、秋季
活动环境：地下洞穴

　　喙头蜥是三叠纪初期出现的喙头类残留下来的唯一代表，人称"活化石"。目前仅残存于新西兰北部沿海的少数小岛上，濒临灭绝。本物种的最大特点是具有第三只"眼睛"，即松果体，在脊椎动物的大脑中广泛存在，与感光功能有关，其结构与眼睛相似。其他动物的松果体通常退化并深埋于颅腔内，喙头蜥的松果体则露出并可感光。

形态 喙头蜥体长50～80厘米。雄性较雌性大。通身橄榄棕色，背面被以颗粒状鳞片，每一鳞片中央为1小黄色点；背面和腹面皮褶处有大鳞片；背、尾脊部有由较大的三角形鳞片构成的鬣。前颌骨在头骨前部形成一种悬垂的带齿的"喙"。顶眼发达；没有鼓膜与鼓室。雄性无交接器，借雌雄二者的泄殖孔相交并受精。

习性 活动：白昼栖居洞穴内，夜晚爬出活动。在低温下比其他爬行动物活跃。食物：昆虫或其他蠕虫和软体动物。栖境：海鸟筑成的地下洞穴中，彼此和睦相处，间或也以这些海鸟的卵或雏鸟为食。

繁殖 夏季在远离洞穴的沙滩浅穴中产卵约10枚，将穴填平。卵长形，长径约28毫米，白色，硬壳，在沙穴中受阳光加热孵化，至8月接近成熟进入蛰伏状态，发育转慢，直到度过第二年夏天，即一般须经13个月才能孵出。寿命长约100年，雄性可以活数百年。

形似大蜥蜴

| ▶ | 别名：楔齿蜥、刺背鳄蜥 | 分布：新西兰 |

有鳞目・蜥蜴亚目

PART 7
184~232页

水巨蜥 ▶ 巨蜥科，巨蜥属 | *Varanus salvator* Laurenti | Asian water monitor

水巨蜥

活动季节：春、夏、秋季

活动环境：水岸、树洞、洞穴

体型大、分布广的巨蜥之一

　　水巨蜥是我国蜥蜴中最大的一种，也是世界第二大蜥蜴，仅次于科莫多龙，别名五爪金龙、水蛤蚧。它对人类——尤其是孩子特别温顺，没有任何攻击性。它还爱干净。该种群的肉和皮具有极大经济价值，每年大量惨遭捕杀，属中国国家一级重点保护野生动物。

形态 水巨蜥体长全长1米左右，最长可达2.5米。头吻较长，鼻孔近吻端；耳孔与眼径等大；舌长，前端分叉，可缩入舌鞘内。全身被有较小圆鳞，腹面有横行排列的长方形鳞。尾长，极侧扁，有小鳞片在尾嵴部，排成两列嵴鳞。体背黑橄榄色，有黄色横行环；腹面黄色；尾部有黑黄二色交替成环纹，黑色环上常有小黄斑。四肢强壮。幼年巨蜥黑白相间粗大环纹。

习性 **活动：**幼体大多数时间栖息于树上；代谢比其他巨蜥慢，一天大多数时间都躺在水岸附近，清晨活动，晚上躲藏在树洞、洞穴或厚植被中。洞穴到处可见，不同地方的水巨蜥有不同的活动习惯。**食物：**以小型哺乳动物、两栖类、爬行类、鱼类、蛙类和腐尸为食。**栖境：**成体生活在热带和亚热带的红树林、沼泽、山区的溪流附近，常到水中游泳，亦能攀附矮树。

繁殖 成年雌巨蜥一年可产卵40枚，常产在2个甚至更多窝里。孵化时间有很大差异，从两个半月到10个月甚至更长时间。幼体孵化非常隐秘，孵化期通常为180～300天。

指、趾具锐爪，其背面也有小黄斑，故称"五爪金龙"

美洲蜥蜴 ▶ 美洲蜥蜴科，阿美蜥属 | *Ameiva ameiva* L. | Giant ameiva

美洲蜥蜴

活动季节： 春、夏、秋、冬季

活动环境： 林中空地、森林边缘的开阔地带、小径或道路边

美洲蜥蜴主要栖息于亚马逊热带草原和森林，通过后腿内侧的腺体分泌化学物质进行交流，并对防御、捕食和领土标记等有重要的作用。在野生状态下，该种群的天敌主要是各种鸟类和蛇，躲避天敌的主要方式是逃跑。因数量较多、分布较广，目前没被列入保护名录。

形态 美洲蜥蜴体型纤细修长，呈流线型；身体总长120~130厘米，雄性体型稍大；体重约68克。头部呈三角形，长约18毫米，有两条棱延伸到吻端；吻鼻端尖，舌微开叉；雄性下颌较宽。后肢腹股沟处有直径约1毫米的毛孔。体表密布颗粒状小鳞片，头部鳞片大且坚硬。体表颜色鲜艳，雄性体表绿色较多，雌性灰色较多；身体颜色明显分段，从头部到颈部为绿色，背部到尾端为灰色；头颈部、背部、尾部也会呈现出绿色和灰色交叉分布。体侧有不规则黑色斑点，从头部至尾基处。前肢细短，后肢长；后肢的趾长。

习性 **活动：** 日行性，白天活动觅食。喜欢晒太阳；相当机警，行动迅速。**食物：** 肉食性，食物包括蝗虫、蝴蝶、甲虫、蟑螂、蜘蛛、白蚁等，也捕食其他种类的蜥蜴。**栖境：** 稀疏树林、稀树草原中的地面上，栖息在枯枝乱叶、火焰石等遮蔽物下。

繁殖 卵生。交配繁殖只发生在每年雨季。交配后雌性很快产卵，产在岩石、原木、枯叶下，每次产卵1~9枚，多数为6枚左右，孵化期约5个月。幼体生长较快，8个月左右性成熟。寿命为4~5年。

▶ 别名：不详 | 分布：中美洲和南美洲安第斯山脉，巴拿马、巴西、哥伦比亚、委内瑞拉、秘鲁等

美洲蜥蜴

鬃狮蜥 ▶ 鬣蜥科，蜡皮蜥属 | *Pogona vitticeps* Ahl | Central bearded dragon

鬃狮蜥

活动季节：春、夏、秋季

活动环境：干燥森林及沙漠

大便比较臭，人工饲养
需天天清理

棘状鳞十分明显

鬃狮蜥是一种生活在澳大利亚沙漠中的蜥蜴，雌性或雄性由其遗传的性染色体决定，但科学家发现，高温可以阻碍雄性染色体发挥作用，使雄性胚胎转变成雌性。这项发现也使生物学家们担心如果全球气候变暖趋势继续下去，有可能导致像鬃狮蜥这样的物种雌雄比例严重失调，最后灭绝。

形态 鬃狮蜥全长约40厘米，最长可达55厘米。体型粗大。位于体侧的棘状鳞生长方位均不尽相同。背部及颈背上覆满棘状鳞。

习性 活动：半树栖型，当遭受威胁时会张开嘴并将带刺的咽喉膨大做示威动作，虚张声势。**食物：**以昆虫和植物为主。饲养时初生幼体每天3次喂食蟋蟀和绿色蔬菜，而后每天2次喂食蟋蟀和绿色蔬菜，亚成体和成体可每天喂1次蟋蟀和蔬菜。**栖境：**沙漠环境。

繁殖 日行性。每胎可产11～26枚卵。

生活在澳大利亚沙漠中，雌性或雄性由遗传的性染色体决定，高温可以阻碍雄性染色体发挥作用，从而使雄性胚胎转变成雌性

如果全球气候变暖趋势持续，有可能导致
该物种雌雄比例严重失调，最后灭绝

绿鬣蜥

活动季节：春、夏、秋季

活动环境：森林树冠层

在野外环境寿命为10~15年，人工饲养寿命可达20年以上

绿鬣蜥原产于墨西哥和南美洲各地，是美国比较受欢迎的爬虫宠物之一，被称为IG，每年都从中、南美洲的鬣蜥养殖场大量进口，在美国的每个宠物店里几乎都能见到其身影。

形态 绿鬣蜥成年体长一般约2.0米，体重可达8千克。背部有梳齿状鳞片；尾部有黑色环状条纹；成年雄性个体有大而下垂的喉扇。

习性 **活动：**树栖性，一生中几乎所有时间都在树枝上度过；当清晨第一缕阳光射入丛林，便开始一天的活动，离开夜间休眠的栖息场所爬向高处以寻找最佳曝晒位置，懒洋洋地休憩在树梢，一晒就是整个上午。中午时分开始四处觅食。**食物：**纯素食主义者，以植物叶子、花和果实为食。人工饲养时应挑选钙磷比为2∶1的植物，如芜菁、羽衣甘蓝、南瓜等。**栖境：**高湿高温的树林中。

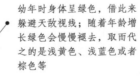

幼年时身体呈绿色，借此来躲避天敌视线；随着年龄增长绿色会慢慢褪去，取而代之的是浅黄色、浅蓝色或者棕色等

繁殖 交配在树上进行。产卵数量很大，一窝可以产下30~50枚卵，经过75~90天可以孵化。交配后雌性会将卵产于地上挖出的洞穴中，掩盖覆土后就不会再理会卵窝，因此孵化的幼蜥从小就得自力更生。

| 长鬣蜥 | ▶ | 鬣蜥科，长鬣蜥属 | *Physignathus cocincinus* Cuvier | Chinese water dragon |

长鬣蜥

活动季节： *春、夏、秋季*
活动环境： *树上、灌丛上*

长鬣蜥是蜥蜴类中体形较大的种类之一，有漂亮的体色和怪异的形状，往往被捕捉用于观赏。由于栖息地为热带地区，它们离开产地难以存活，致使资源锐减，目前野外数量极少。

背脊正中有一行极发达的鬣鳞，始自颈部，达尾中段，在受到惊扰时全部竖起，似马头部的鬃毛，故又称马鬃蛇

形态 长鬣蜥个体大，头体长15厘米，尾长30厘米以上。体背橄榄棕色、灰色或浅棕黑色。头小，体侧扁；背鳞很小，大小一致，起棱，鳞尖朝后上方；喉区鳞片椭圆。颈鬣与背鬣相连续，前段鬣鳞着生在皮肤褶上。雄蜥鬣鳞较雌者长，呈矛形或镰刀形。尾强烈侧扁，被小鳞。

习性 活动：遭遇敌害或受到严重干扰时常把尾巴断掉，断尾不停跳动吸引敌害的注意，自己却逃之夭夭。**食物**：杂食偏肉食性，可喂食蟋蟀、面包虫、蚱蜢、蚯蚓、鱼等，同时给予少量切碎菜叶、蔬果等。**栖境**：热带低海拔湿热河谷的树上和灌丛上，夏季夜间常伏于沟边竹叶上。

繁殖 2岁可达性成熟，交配在春秋两季，一窝可产9~15枚卵，一年最多可产5窝。孵化期在27℃约需60天。

外表和绿鬣蜥极近似，善游泳

体色可随周围环境而改变，又称"变色龙"

▶ | 别名：马鬃蛇、水龙 | 分布：泰国东部、越南、柬埔寨、印度和中国南部地区

沙漠角蜥

活动季节：春、夏、秋季

活动环境：多岩或草稀的砂地

　　沙漠角蜥是原生于美国的小型蜥蜴。目前经过确认的角蜥共有14种，其中8种分布在美国，其他6种分布在墨西哥。这些奇特的蜥蜴出现在地球上的时间远超过人类，大约在1500万年前就有了，那时连哺乳类都尚未出现。沙漠角蜥因体色较为出色，变化也较大，常出现在国内外市场上。

形态 沙漠角蜥体型中等，全长6.4~9.5厘米，雄性较瘦小，雌性较肥大。头部具有冠状短角，吻端钝。身体宽椭圆形，鳞片从上身分散扩大到尾尖。背部皮肤有小刺。腹部白色有黑色斑点，鳞片平滑，腹背交界处覆有须状鳞列。身体两侧边缘有一排鳞片。脖子处有大块黑斑，后面有波浪形暗斑点标记。腹部为红色、棕褐色、米色、棕色和黑色相杂，具拟态，通常与所处的当地土壤和岩石相匹配。

习性 **活动**：体色随温度及环境变化，伪装技术高明，全身长满棘刺，对一般掠食者有强烈的吓阻作用，在野外竞争力十足，不易被淘汰。气温低时将身体埋入砂中冬眠，晒太阳时会将身体摊成扁平状，以便吸收最大的热能。**食物**：以昆虫或其他节肢动物为食，也吃白蚁、甲虫、蟋蟀、草蜢及其他小昆虫。**栖境**：多岩或草稀的沙地。

繁殖 可以通过观察泄殖腔的凸起来认出雄性，冬眠后进行交配，5月产卵。雌性每窝产7~13枚卵，孵化期50~60天。雌性每年可以产两窝卵。

尖角延伸出后脑勺，中央的两个角最长

沙氏变色蜥

活动季节*：春、夏、秋、冬季*
活动环境*：灌木及矮小灌丛、人类住所附近*

　　沙氏变色蜥具有改变体表颜色的能力，被当作宠物买卖。20世纪70年代被引入美国，高度的侵袭性使当地的安乐蜥面临灭绝。中国台湾等地也遇到同样问题，据统计，截至2014年，台湾地区的沙氏变色蜥数量达到数百万，民众将它逮住放到酒中，交给政府销毁。

形态　沙氏变色蜥雄性体长17~21厘米，雌性体长7~15厘米。头部呈锥形；吻尖，呈"V"形；眼突出，生于头部两侧，有活动性眼睑；鼻孔位于吻端。四肢细长，后肢发达，指、趾前后都为5，趾宽大，爪尖锐。尾巴细长，占到身体长度的60%~65%。体表不光滑，有鳞片；背部呈棕色或深棕色，有深色或白色斑纹；腹部颜色较浅。

习性　**活动**：日行性，晚上在草叶上或其他隐蔽处休息及躲避天敌，白天常在草丛或灌木丛中活动觅食，早晨常在地面或石头上晒太阳。**食物**：不挑食，任何食物只要能吃得下就吃；主要捕食小型节肢动物，如飞蛾、蟋蟀、蚂蚱、蟑螂、蜘蛛等，有时会吃其他蜥蜴和蜥蜴卵，如绿安乐蜥，甚至会吃掉自己的蜕皮和脱落的肢体。**栖境**：灌木丛、草丛中或低矮树枝上，也出现在人类住所附近栅栏或墙壁上，生存能力强。

繁殖　春季和夏季繁殖。交配期雄性领地意识强，用喉扇、点头求爱。交配完成后雌性产下1~2枚软软的卵，放在枯叶等遮蔽物下。繁殖期会多次产下卵。卵的孵化期为30天左右。幼体发育迅速，1岁左右发育成熟，次年夏季可以交配繁殖。寿命约4岁。

▶　别名：巴哈马变色蜥 | 分布：古巴、巴哈马群岛、美国南部

环颈蜥

活动季节： 春、夏、秋季

活动环境： 灌木

环颈蜥主要分布在美国西南部和墨西哥之间，极易饲养，常被当作初学者的饲养入门种。因产于沙漠干燥地带，所以在饲养时对温度的需求远高于一般森林性的蜥蜴。

头大，颈部具有黑白两色的环状纹饰

成熟雄性的喉部呈现蓝绿色或橘色

形态 环颈蜥全长20～35厘米。头部很大，身形矮胖，长有一条又大又圆的尾巴和一对很长的后肢，还有一对黑色的条纹环绕着颈部生长却不会在颈背处相接。雄性成体的喉部下方至腹部间会呈现出明显的蓝或橙色光泽。怀孕中的雌性体侧会出现橙色斑点或细幅横纹。此外，口腔内部为暗色状。

习性 **活动**：地栖性，十分活泼，行动极为敏捷。**食物**：以昆虫和其他种蜥蜴为食。**栖境**：长有灌木、多岩石且干燥的向阳地。

繁殖 每年4~6月为交配期，7～8月产卵，数量不超过12枚。

尾巴又大又圆又长，没有再生能力

安乐蜥

活动季节：春、夏、秋季

活动环境：草丛、灌木丛

安乐蜥是一种大型树蜥，生活在南、北美洲温暖的地区，其中在加勒比海地区为最多，跟常见的壁虎样子差不多，有着尖锐的爪子、宽大的趾。身体像变色龙一样可以改变颜色，但没有变色龙变得那么棒，因此被人们叫作"假变色龙"。该种群的颜色一般为棕色或黄色，变色时会变成深浅不同的绿色。

形态 安乐蜥是大型树蜥。体长12～45厘米，可变体色，由棕色或黄色变成几种深浅不同的绿色。雄性颈部常有红色或黄色大皱褶。

习性 活动：日行性，白天常在草丛中或灌木丛中活动觅食，早晨常在地面或石头上晒太阳，晚上则在草叶上睡觉。食物：可以喂食蟋蟀，另外还可喂食肉类、肝脏、猫粮、昆虫、蚯蚓等。栖境：灌木及矮小的树木中，也常出现在人类住所的篱笆或墙壁上。

繁殖 每年4～9月交配繁殖，春季天气转暖日照变长后便开始求偶，夏末天气转冷后渐渐停止繁殖，时间跨度较长。繁殖期间雄性会巡视领地，且体色变得鲜艳。交配2～4周后，雌性开始产卵，通常首次产1～2枚，随后在产卵季内每2周产1枚，累计产10枚左右；将这些软壳卵埋进浅土层、腐叶层、朽木甚至树洞里，5～7周后孵化，自5月末至10月初均有幼体孵出。幼体出壳后自主觅食，约8个月性成熟。

身体长度在12～45厘米，雄性的脖子处长着一个红色或黄色的大皱褶

如同壁虎一样，趾宽大，爪尖锐，趾垫上长着很多细小的钩子，有利于攀援，甚至可在极其光滑的物体表面自如且迅速地爬行

安乐蜥

吉拉毒蜥

尾巴短，是脂肪储存器官

活动季节： 春、夏、秋季

活动环境： 大沙漠及灌木林区

　　吉拉毒蜥是北美地区最有名的蜥蜴，分布在美国西部和南部各州，以莫哈维沙漠及索若拉沙漠为中心，延伸进入墨西哥南部索诺拉州，在野外常爬到树上捕食幼鸟或鸟蛋。

身体臃肿，体态笨拙，但在被捕捉后能调过头咬人，非常灵活

形态 吉拉毒蜥全长38～58厘米，体型很大且粗壮。头部较大，前端为黑色，后部黄色，杂有一些黑色斑点。身体由细小及不重叠的鳞片覆盖，底部有皮内成骨。体色斑斓呈深色，有黄色、粉红色、浅红或黑色斑纹，是北美地区有名的蜥蜴。毒器位于下颌。牙齿非常锋利，舌头在中间开叉。身躯像一只大个头壁虎，尾部短粗。

习性 **活动：** 除觅食以外，90%的时间都躲在地下洞穴中，攀爬功夫一流，常爬到树上捕食幼鸟或鸟蛋。**食物：** 各种小型鸟兽及小蜥蜴，用口内毒液毒杀猎物后慢慢吞下，幼蜥蜴一出生就有可怕的毒液。**栖境：** 人迹罕至的大沙漠及灌木林区及大片仙人掌覆盖的范围。

繁殖 没有经历低温期的吉拉毒蜥对多半无法繁殖。自冬眠中苏醒后立刻交配，过程约30分钟。雌性将卵产于地下洞穴中，每窝产3～12枚卵，通常产5枚左右，孵化期约10个月。幼蜥出生后便需自力更生，成长顺利可活到30年以上，很长寿。

身体由细小及不重叠的鳞片覆盖，底部有皮内成骨，行动缓慢，体色斑斓呈深色，有黄色、粉红色、浅红或黑色斑纹

▶ 别名：大毒蜥、钝尾毒蜥、希拉毒蜥 | 分布：美国西部和南部各州

所罗门蜥

尾巴可以抓住物件，帮助
攀树，故名猴尾蜥

活动季节： 春、夏、秋季

活动环境： 森林、种植园

　　所罗门蜥最初是由约翰·爱德华·格雷于1856年描述。其属名是拉丁文"闪烁"的意思，因格雷描述它们身上的鳞片展现多种色彩；种名是"斑马"的拉丁文，指其有像斑马的斑纹。

形态 猴尾蜥是现存最大的石龙子，成年体可长达72厘米。身体幼长，四肢短壮。头部呈三角形，眼睛细圆。颌部强壮，牙齿细小，适合吃植物。尾巴可以抓住东西，帮助攀树。鳞片呈深绿色，边缘呈浅褐色或黑色；腹部鳞片呈浅黄色至不同的绿色。脚趾很厚，趾甲弯曲，方便抓住树枝。雄性的头部较雌性的阔，身体也较修长。雄性的泄殖腔附近的鳞片呈V形，雌性的则没有。

习性 **活动：** 树栖，夜行性，依赖嗅觉来辨认地盘及亲属成员。会像蛇般轻打舌头来嗅味，当舌头缩回时会接触到口腔上的犁鼻器。**食物：** 草食性，吃叶子、花朵、果实及嫩芽。幼蜥会吃成年蜥的粪便以获取菌丛来消化食物。**栖境：** 在森林的上冠层出没。

繁殖 胎生。妊娠期为6～8个月，雌性会给幼蜥一个胎盘。每次只生一胎，有时也出现孖生情况。雏生蜥会留在群落中6～12个月，受到双亲与其他成年蜥的保护。

| 丽纹龙蜥 ▶ | 鬣蜥科，攀蜥属 | *Japalura splendida* Barbour & Dunn | *Japalura tree dragon* |

丽纹龙蜥

活动季节：春、夏、秋季
活动环境：灌木丛、杂草间

　　丽纹龙蜥是我国攀蜥属下19种物种之一，主要分布于我国长江流域，如云南、四川、贵州、湖北，是全国各地市场上被出售最多的蜥蜴品种，大量的市场需求对野外种群构成毁灭性威胁。如2005年，湖北兴山县一次就截获1200条。因其体型小、数量较多且价格便宜，商家称其适合初养者，但资深爬宠饲养者认为该物种很敏感，且野生个体通常带有大量寄生虫，人工饲养成活率极低。

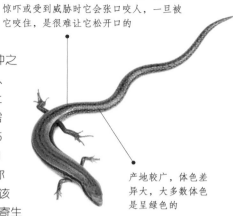

人工饲养的时候千万不要激怒它，当受到惊吓或受到威胁时它会张口咬人，一旦被它咬住，是很难让它松开口的

产地较广，体色差异大，大多数体色是呈绿色的

形态 丽纹龙蜥体型中等，雌性全长10～18厘米，雄性全长10～22厘米。雌雄性二态明显：雄性颈鬣发达，背部绿色纵纹边界清晰规则，尾根较雌性膨大；雌性颈鬣较弱，背部绿色纵纹间有明显深色横纹，绿色纵纹边界不清晰，且尾根部较细。

习性 活动：性格活跃，较为敏感。**食物**：人工饲养食物以面包虫为主，有条件的可以捉些蟋蟀和其他昆虫来饲喂。**栖境**：山区灌木丛杂草间或岩石上。人工饲养时饲养缸要求长度超过蜥蜴长度的两倍以上，缸底以沙或石做铺垫，放植物和沉木等供其栖息，减少人为打扰。

繁殖 卵生。每年6～7月产卵5～9枚，孵化期46～48天。刚孵化出的幼体长约22厘米，尾长约48厘米。

▶ 别名：丽纹攀蜥 | 分布：中国四川、甘肃、贵州、河南、湖北、湖南、陕西、云南

帝摩尔花点巨蜥 ▶ | 巨蜥科，巨蜥属 | *Varanus varius* Shaw | Lace monitor

帝摩尔花点巨蜥

活动季节： 春、夏、秋季

活动环境： 水边、树林

澳洲第二大的巨蜥，仅次于澳洲的眼斑巨蜥 •

帝摩尔花点巨蜥是常见的宠物品种，在饲育时需要规划很大的空间，建议采取户外放养方式，可喂以肉类、小白鼠、蛙类等，也可以尝试喂食成猫罐头。一般来说，本种饲养很容易，如果没生病很适合长期饲养，也可以生活得相当好，甚至可以在人工环境下进行繁殖。

形态 帝摩尔花点巨蜥体长最大可超过2米，平均在150～170厘米。鼻孔圆形，眼部至鼻孔间的距离约为鼻孔至吻端的2倍。尾巴长而侧扁，尾巴上部边缘有鳞峰化情形。个体间的体色差异非常大，通常背部呈现一种蓝色感觉的暗褐色，且覆有亮色的鳞片而形成斑点模样。因分布区域不同，有在身体、尾部与四肢上布有黑色或黄色带纹的个体。

习性 **活动：** 爬树高手，遇到危险会绕着树干呈螺旋状快速攀上树顶。**食物：** 以鱼、爬虫、蜗牛、小型哺乳动物、腐肉、其他动物的卵或青蛙为食，甚至会捕食同种的幼蜥。**栖息：** 喜欢潮湿环境，通常居住于水边与树木林立的各种环境，有时也会在城市近郊出没。

繁殖 卵生。有领域性行为，发情时雄性会为了争夺与同一只雌性的交配权而大打出手。通常春季或夏季在白蚁巢中产卵，每次产4～14枚卵，孵化期45～60天。

| 科莫多巨蜥 | ▶ | 巨蜥科，巨蜥属 | *Varanus komodoensis* Ouwens | Komodo dragon |

科莫多巨蜥

活动季节： 春、夏、秋季
活动环境： 热带草原森林

● 敏锐的舌头起到收集到气味颗粒的作用，可以察觉1000米范围内食物的气息

　　科摩多岛常年荒无人烟。后来，松巴哇苏丹开始把罪犯流放到岛上服刑，发现巨型蜥蜴，但一直没人相信。1911年，一位美国飞行员驾驶一架小型飞机低空飞过科摩多岛上空时，无意中发现"怪兽"。1915年，印尼政府把这种地球上其他任何地方都找不到的动物视为国宝严格保护起来。1926年，美国人伯尔登拍摄了关于科摩多岛屿的自然风光及巨蜥的大量镜头，1931年制作了影片《KINGKONG》，科摩多巨蜥开始为世人所知。1990年，印尼政府建立科摩多国家公园，正式向游客开放。

形态 科摩多巨蜥是已知存在的体型最大的蜥蜴，平均体长2～3米。雄性重50～80千克；雌性重20～45千克。幼仔皮肤绿色、黄色和黑色。成年体全身呈黑褐色。皮肤粗糙，长舌头，锯齿状牙齿，坚硬爪子。尾巴十分有力。

习性 **活动：** 每天早晨太阳升起时离开家到岩石上晒太阳，然后开始寻找食物。**食物：** 肉食性，以野猪、鹿、猴子等为食，也捕食弱小同类及幼体。**栖境：** 热带草原森林，喜欢开放的有野草和灌木低洼地区。

繁殖 每年9月产卵。雌蜥产4～6枚卵，每隔2～3天产一次，一窝平均有20枚卵。孵卵期约7个月，雌性会将卵产在地底下或树穴中，保护它们。8个月后幼蜥破壳而出。

● 身上长满了隆起的疙瘩，无鳞片，粗厚的硬皮可防止被蛇咬伤

| ▶ | 别名：科莫多龙 | 分布：多集结于印尼小巽他群岛 |

荒漠巨蜥

吃毒蛇，对蛇的毒液具有特别的免疫力

活动季节：春、夏、秋季

活动环境：沙漠、沙丘或干燥荒地

　　荒漠巨蜥是北美洲及亚洲西部的巨蜥，它能经得起夏天的骄阳似火，冬天的饥寒交迫。但家庭饲养时要慎重，因为此蜥蜴相当凶猛，难以被驯服，并对驯化表示仇视。

形态　荒漠巨蜥体长约55厘米，尾巴长约65厘米。牙齿尖锐。吻端凹陷，鼻孔斜开，较接近眼窝。头部的鳞片非常细小，背部鳞片细小及光滑。在颈部两侧的鳞片呈锥形。腹部鳞片光滑，共有110～125行。脚趾较短。尾巴圆或稍为扁平。身体呈灰黄色，或多或少有一些褐色斑纹。

习性　**活动**：性格粗暴，受到威胁时会将身体与颈部膨胀，将身体弓起并发出低沉的嘶吼；挖土的高手，但因沙漠与黏土层不易挖掘，所以有时也会以地面鸟类的巢穴为其居所；能在短距离内以时速20千米的速度冲刺。**食物**：食性广泛，以昆虫、小型哺乳动物、蜗牛、鸟类、蜥蜴、蛇类，其他动物的蛋和腐肉等为食。**栖境**：沙漠、沙丘或干燥荒地。

繁殖　卵生，繁殖期在每年3～5月，每次产10～25枚卵，孵化期约120天，幼体出生后3年达到性成熟。

幼蜥有黄色圆点及深褐色斑纹

平原巨蜥

活动季节： 春、夏、秋季

活动环境： 山洞、树洞

平原巨蜥来自非洲大草原，在巨蜥中脾气比较温顺。因为其攻击意识比较低，也比较容易饲养，是最普遍饲养的巨蜥。幼体需要一个山洞或一块木头来躲藏，会挤进任何缝隙里。

成熟个体身长达1.2米

因经常被土著猎杀作食用，或取其皮，或被大量捕捉到宠物市场上而濒临绝种

形态 平原巨蜥全长90～120厘米，体重45～60千克。头部比其他巨蜥宽，有细小鳞片覆盖。颈部短小。身体通常是咖啡色或灰色，背上缀有多行黄色至橙色的圆点。尾巴又粗又短。

习性 **活动：** 地栖性、独居。喜欢攀登，较少游泳。幼时喜欢爬石头和在太阳下或水盘里游荡。**食物：** 在野外，幼时主食昆虫及其他小动物，长大后主食鸟类、小型哺乳类、蟾蜍、蛇、其他蜥蜴及其卵。**栖境：** 非洲大草原，从雨林边缘至沙漠森林。

繁殖 卵生。每次产卵30～40枚，22星期后孵化。繁殖年龄为2～7岁，19个月的雌性有产卵记录，过早繁殖会导致产卵量较少、难产，孵化过程中胚胎畸形率较高。

有一条蓝色开叉的舌头

软木树洞十分适合作为躲藏洞穴

南非犰狳蜥　▶　环尾蜥科，绳蜥属　|　*Cordylus cataphractus* F.Boie　|　Armadillo girdled lizard

南非犰狳蜥

活动季节： *春、夏、秋季*

活动环境： *砂岩地*

南非犰狳蜥遇到危险时会把尾巴含在嘴里，把坚硬鳞片都面向敌人，以保护腹部柔软的部分，甚至以这种姿势从山坡迅速滚下逃之夭夭。这种奇怪的逃跑方式和犰狳极为相似，故得名。

形态 南非犰狳蜥体型较小，体长约20厘米。头部具外耳孔，鼓膜位于表面或深陷；眼具活动的眼睑和瞬膜；舌发达，扁平而富肌肉；下颌骨左右两半靠骨缝牢固相连，口的张大有限。头后部有6枚大且有明显鳞骨的鳞片并列。躯体及尾部有具明显鳞骨的鳞片呈带状排列。躯体部位的鳞片有15枚。雄性身上有26～32个股孔。具附肢2对。

习性 **活动**：日行性。以8～10只的家庭单位群居，聚集在多岩沙漠区域的岩堆间，遇到掠食者便快速冲进石缝中躲藏，躲避不及就会将尾巴含在口中，将身体卷成一个带刺的圆球以保护脆弱的腹部，这种自保措施与犰狳一模一样。**食物**：食昆虫，包括蟋蟀、面包虫、大麦虫，一般市场上的活食都可以接受，饲养时尽量保证食物的多样化，平时别忘了补钙。**栖境**：南非砂岩地区。

繁殖 胎生，雌性会亲自育雏，这两点在蜥蜴中极为少见。雌雄非常难以辨别。雌性每年最多繁殖一次，有些隔年繁殖，每次会产下1～2只幼体。

身体布满盔甲般的巨大鳞片，呈暗黄色

在野外是以家庭为单位群居在砂岩地区，分布于南非

澳洲刺角蜥 ▶ 飞蜥科，魔蜥属 | *Moloch horridus* Gray | Thorny dragon

澳洲刺角蜥

活动季节： *春、夏、秋季*
活动环境： *砂地、沙漠*

　　澳洲刺角蜥分布于澳大利亚的中部和南部，栖居在澳大利亚的沙漠地区，最特别的是其颈部有一个肉瘤，长满棘刺，遇到掠食者攻击时便将头部低下包于前脚之中，这时颈部的肉瘤就十分突出类似头部，引诱掠食者攻击错误的部位再伺机逃脱，这种欺敌方式是蜥蜴类中独一无二的。

形态 澳洲刺角蜥体型小，全长15～20厘米，皮肤表面具有许多细沟纹延接至嘴部，身体若沾有水分，便可利用毛细管原理汲取。全身布满又硬又长的棘刺，看上去很危险，但实际上完全无害。头部上面有一个非常特别的"假头"。体色可以随环境变化。

习性 活动：地栖型，日行性，行走方式类似变色龙，前后摇摆，只要有风吹草动，立刻僵住，这是欺敌的一个绝招。**食物**：日间在沙漠地带寻找蚁冢以捕食唯一的食物蚂蚁，进食时间很长，一次只用舌头卷起一只蚂蚁放入嘴里，一分钟内卷食30～45只蚂蚁，一餐可以吃1000～5000只。**栖境**：依产地不同而有差异，分布于中部的个体栖于沙地或长有刺草的沙漠区；产于西部者生活于干燥矮林区。

繁殖 雌性一年只产卵1次，每次产下3～10枚卵，一般为8枚，对小巧的体型来说算很高产的。孵化期为90～130天，平均120天。

遇到危险时会把头伸入前腿之间，派"假头"上阵，迷惑捕食者，以摆脱厄运

具有完美的防御系统，除了拥有盔甲一样的皮肤和尖刺，还能像河鲀一样吸入空气，让自己看上去更强壮

▶ 别名：澳洲棘蜥、刺甲蜥、魔蜥、棘蜥、刺魔 | 分布：澳洲中部及西部

巨型环尾蜥

活动季节： 春、夏、秋季

活动环境： 干燥的多岩地区

看过电影《魔龙传奇》的人会发现，魔龙的造型几乎就是巨型环尾蜥加上一对翅膀。该物种全身布满棘刺的态势正符合外国人对龙的想象。

形态 巨型环尾蜥从鼻部到肛门长度15～18厘米，最长可达20.5厘米。雌雄辨别不难，雄性股孔明显，前肢内侧的鳞片特别突起，雌性就没有。全身刺状鳞片十分明显。

习性 **活动**：日行性，穴居型，需要大量的日照，夏季每天需要12～14小时的光照。**食物**：杂食性，以昆虫为食，也捕食小型哺乳类或其他爬行类，亦吃蟋蟀、面包、叶菜、水果和花朵等。**栖境**：干燥的多岩地区，在岩缝中或凿出的洞穴中栖居。

繁殖 胎生。每2～3年繁殖一次，每次产下1～2只幼体。幼体需要3年以上才能具备生殖能力。寿命超过20年。

有一个招牌动作——撑高前肢面向阳光晒太阳，所以俗名就叫"望日蜥"，非常传神

刺状鳞片十分明显，使外观看起来十分凶猛

彩虹飞蜥

活动季节：春、夏、秋季

活动环境：多岩石的地带及人
类居住地

彩虹飞蜥在众多蜥蜴中属于最受
大众欢迎的一类，因为它的外形颜
色非常丰富、好看，很多爱蜥者
第一看眼看到它就会有想饲养
的冲动。

次级雄性、雌性和幼体的头部橄榄绿色

下腹部带白色，后腿和尾部棕色

形态 彩虹飞蜥体长30～40厘米。有三角形的头部、肥壮的身体以及长长的尾巴
与四肢；颈背上有小脊突，耳孔周围则有刺状皮瓣。体色在夜晚时是不显眼的灰
色，等到照到太阳体温升高后就会展现全然不同更为亮眼的颜色。雄性的混合体
色更是美丽：橙色或红色的头部、紫红或蓝色的四肢、体侧有黄色斑点，雌性的
体色则为黄绿色。

习性 **活动**：日行性，生长于干燥的环境，只要没有弄湿它的身体，虹飞蜥可以养
得很强壮，是饲养飞蜥类的入门品种。**食物**：以昆虫为主饵料，在饲养时可以投放
一些比较小的昆虫幼体，每天定时定量地投放3次即可。**栖境**：开阔的环境中，通
常是多岩石的地带及人类居住地。

繁殖 卵生。喜在雨季或经常下雨
的季节交配繁殖，每次产3～8枚
卵，椭圆形，8～10周孵化。雌性
14～18个月性成熟，雄性2年性
成熟。

蓝色的身体、鲜艳的尾巴和头部，这是占统治地
位的雄性的特征

▶ 别名：红头飞蜥 | 分布：非洲中部及西部

大壁虎

身体上散布6~7行横行排列的白色、灰白色或灰色斑点

活动季节：春、夏、秋季

活动环境：岩石缝隙、石洞或树洞内

　　大壁虎制成的中药称蛤蚧，常成对出售，用量甚大。每年仅广西一地收购量即达数十万对之多，由于大量捕捉，自然环境遭到破坏，栖息地逐渐缩小，数量急剧减少。

形态 大壁虎是最大的一种壁虎，体长12~16厘米，尾长10~14厘米，体重50~100克。外貌与一般壁虎相似，背腹面略扁，头较大，呈扁平的三角形，像蛤蟆的头。眼大而突出，位于头部两侧；口也大，上下颌有很多细小牙齿。颈部短而粗。皮肤粗糙，全身密生粒状细鳞，背部有明显的颗粒状疣粒分布在鳞片之间。体色变异较大，头部、背部有黑色、褐色、深灰色、蓝褐色、青灰色等横条纹。尾巴较圆而长，有6~7条白色环纹，容易折断，能再生。四肢不很发达，仅能爬行。

习性 **活动**：听力较强，白天视力较差，夜间活动和觅食，瞳孔可以扩大4倍，视力增强，灵巧的舌还能伸出口外，舔掉眼睛表面上的灰尘。动作敏捷，爬行时头部离开地面，身体后部随着四肢左右交互地扭动前进，脚底的吸附能力很强，能在墙壁上爬行自如。**食物**：蝗虫、蟑螂、土鳖、蜻蜓、蛾、蟋蟀等昆虫及其幼虫，偶尔也吃其他蜥蜴和小鸟等，咬住东西不松嘴。**栖境**：山岩或荒野的岩石缝隙、石洞或树洞内，有时也在人类住宅的屋檐、墙壁附近活动。

繁殖 繁殖期为5~8月，5月交配产卵。每次产2枚卵，白色，外面有革质鞘，比鸽子卵略小，呈圆形，卵重5~7克，可以黏附在岩洞的墙壁或岩石面上，孵化期为35~45天。

指（趾）膨大，底部有单行褶皱皮瓣，能吸附墙壁

疣尾蜥虎　▶　壁虎科，蜥虎属　|　*Hemidactylus frenatus* Schlegel　|　Common house gecko

疣尾蜥虎

活动季节：春、夏、秋季

活动环境：屋檐下及墙上

　　疣尾蜥虎是台湾壁虎中叫声最明显的一种，除了夜间，白天也常会躲在阴暗的地方发出类似"啧－啧－啧－啧"的连续数个单音叫声。该物种对炎热环境适应性相当好，常在住家房舍附近活动。

家庭房舍中常见的壁虎种类，白天藏匿，夜晚捕捉昆虫，喜欢爬建筑的墙壁

　形态　疣尾蜥虎的躯干长4～6厘米，最大全长可达13厘米。身体主要由黑色、褐色、灰色或白色所构成，颜色会随着环境而加深或变浅。体背除了有较细小的粒鳞，还有许多较大型的疣鳞。尾部有许多栉刺状的鳞片，深浅不一的鳞片也形成体背的纵线或由颈部延伸到尾部规则分布的斑块。四肢指（趾）下有单列指瓣，且第一指有爪。

跟随海上船只往来，分布范围扩展到全世界

　习性　**活动：**常出没于居家屋舍、路灯或近光源处，鸣声响亮，主要在夜间活动，尾部极容易自割。**食物：**以昆虫和其他小型无脊椎动物为食。**栖境：**热带地区，晚上常在屋檐下及墙上。

　繁殖　体内受精。春末夏初进行交配繁殖。精子可在雌体内保持活力数年，交配一次后可连续数年产出受精卵。在一部分蜥蜴中只发现雌性个体，据研究它们是行孤雌繁殖的种类，这类蜥蜴的染色体往往是异倍体。寿命约5年。

▶　　**别名：**横斑蜥虎　|　**分布：**朝鲜、东南亚，以及中国海南、广东、云南

叶尾壁虎

活动季节：春、夏、秋季
活动环境：树上

　　叶尾壁虎生活在马达加斯加哈诺马法纳国家公园，1888年首次见诸描述，现分布范围已扩散。它如同一片被昆虫咬食过的树叶，起到了极强的伪装作用。第一眼看起来，它可能就是一片在秋风中枯萎的树叶，但是当你仔细看时，才发现这是一种堪称"伪装大师"的壁虎。

形态 叶尾壁虎体长6~16厘米。头上有角，有一双红色的眼睛，眼角上方带有突触，形似"睫毛"。尾部酷似枯叶，边缘带有锯齿状凹陷，像树叶被昆虫咬食过。体色除了可变成褐色或者灰色外，还可变成黄色、绿色、橙色以及粉红色，甚至还能变成透明的。

酷似一片枯叶

习性 **活动**：平躺在树枝上头朝地面睡觉，可以将自己完美地融入周围环境中，只比树叶颜色稍浅，身上的条纹和叶状的尾巴与枯树叶非常相似。夜晚出来觅食昆虫。**食物**：肉食性，吃多种小昆虫。大眼睛可以帮助它夜间捕猎，大嘴巴可以帮助它吞下比自己体型更大的猎物。**栖境**：马达加斯加岛中东部地区。

繁殖 卵生。每年雨季来临时繁殖，在腐叶下的地面上或枯叶上产卵2枚。卵在60~70天孵化。

指（趾）和强烈弯曲的爪子让其可以巧妙地在林间攀爬

叶尾壁虎

棕脆蛇蜥

活动季节： 春、夏、秋、冬季

活动环境： 中低海拔干燥环境，落叶、草丛或稀疏树林中

　　棕脆蛇蜥数量稀少而且生性隐秘，平时很难见到，外形似蛇，无四肢，无毒。在受到威胁时，该物种的尾巴会自动脱落，像玻璃一样易碎；尾巴脱落之后会慢慢长出来，最后完全一样。目前已被列入濒危物种名录。

形态 棕脆蛇蜥体长达135厘米，雄性比雌性长，尾巴占全长的60%。四肢退化，身体细长如蛇，较粗壮。头部呈三角形，头顶部平；吻端尖，鼻孔位于吻端；耳孔较鼻孔小，有活动眼睑。体侧从颈部开始各有一条浅纵沟，两侧纵沟间上方有背鳞16~18纵行，明显起棱；下方有腹鳞10纵行，平滑。雄性背部呈绿棕色，头部至颈前部的深褐色纵纹镶以白色边；背部前端有10多条不规则天蓝色横斑，杂以浅褐色小点斑。雌蜥全身浅黄色，背中央有深色点斑，从颈至尾连成一线；体侧纵沟下各有一条细且显著的褐色纵线为背腹分界线。

习性 活动：无四肢，爬行；夜行性，平时钻在湿松土壤中，喜欢晴天夜间外出觅食活动，在潮湿天气变得很活跃。**食物**：依靠嗅觉和视觉觅食，主要捕食节肢动物和小型哺乳动物，如蜗牛、蛞蝓、蚯蚓等，最爱吃蜗牛和蛞蝓。**栖境**：土质疏松、湿度不大的落叶堆、草丛或树林中，喜欢干燥的栖息环境，平时会钻进疏松土壤或洞穴中。

繁殖 每年5~6月中旬交配，雌性7~9月产卵，产在枯叶堆下，每次产卵4~14枚。卵呈乳白色，有时彼此粘连。雌性会不定期地盘卷在卵堆上，直到卵完全孵化。通常30~40天能孵出幼蜥，全长30~40毫米。5岁发育成熟，寿命可达50岁左右。

尾易断，断后可再生

苗条玻璃蜥蜴

活动季节： 春、夏、秋季
活动环境： 草地或开阔林地

玻璃蜥蜴，又称蛇蜥。虽然多数种类没有腿而更像是蛇，然而实际上它们是一种蜥蜴，名字来于一个事实，即如玻璃一样的脆弱。像许多蜥蜴一样，当它们遇到危急情况的时候，可以自行使尾巴与身体断开，尾巴保持游动，而身体变得不动，以此来分散掠食性动物的注意力，争得逃命的机会。这种身体上的断裂是一件艰难而痛苦的事情，一般来说新长的尾巴会比断裂之前的尾巴要小些。

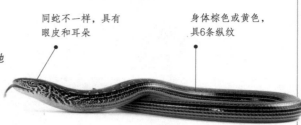

同蛇不一样，具有眼皮和耳朵

身体棕色或黄色，具6条纵纹

形态 玻璃蜥蜴可以长到100厘米长，但约2/3的部分是尾巴。头的形状和可移动的眼皮及耳朵的形状使其明显区别于蛇类。有一些品种出气孔附近有像腿一样的残留器官。

习性 **活动：** 日行性，活动迅速。有能力阻止掠夺行为，断下的一部分尾巴可以被打破成几个片段，像玻璃。生活在北部地区的冬天会钻进洞穴里冬眠。**食物：** 以昆虫为食。**栖境：** 草地或开阔林地。

繁殖 繁殖方式非常奇特，后代既可以卵生，也可以胎生。

苗条玻璃蜥蜴

| 鳄鱼守宫 | ▶ | 壁虎科，鳄鱼守宫属 | *Tarentola mauritanica* L. | Crocodile gecko |

鳄鱼守宫

活动季节：春、夏、秋、冬季

活动环境：建筑工地、废墟、石堆或干燥枯叶中

　　守宫又名壁虎，鳄鱼守宫是壁虎的一种。它在古代被列入五毒之一，民间流传壁虎之尿甚毒，吃了壁虎爬过的食物也会中毒。

趾上肉垫覆有小盘，盘上依序有微小的毛状突起，末端叉状

形态 鳄鱼守宫身体全长约15厘米，尾巴与躯干几乎等长。头部扁、宽，呈三角形；吻端稍尖，鼻孔位于吻端；耳孔小，卵圆形；眼大、略突出，无眼睑，瞳孔垂直。吻鳞到鼻孔，背部、四肢由鳞骨状鳞片覆盖，且鳞片后缘均呈钝棘状；胸腹鳞较大，呈覆瓦状。指、趾间无蹼迹；前肢粗短，后肢比前肢长；指、趾膨大，底部具有单行褶襞皮瓣；第三和第四趾具小爪。背部、尾巴、四肢外侧呈黄色或灰色，并有5~6条断续的带状或纲目状斑纹；腹部颜色较浅。

习性 **活动：**夜行性，主要在夜间或黄昏时活动，白天也可见到其身影，一般在壁缝、瓦檐下，特别是冬天，会趴在墙壁上晒太阳。**食物：**在温暖月份夜间常在路灯等光源附近捕食昆虫，食物以青蛙、昆虫和其他小型蜥蜴为主。**栖境：**喜欢温和、干燥的环境，会栖息在废墟、石堆、建筑工地、干燥的枯枝堆、人类住所附近，夏季夜晚在路灯下可见它们捕食昆虫。

繁殖 每年4~6月交配产卵，一年两次。雌性每次产卵2枚，产在岩洞墙壁或岩石面上。卵呈圆球状，白色，外面有革质鞘。孵化期较长，约4个月。幼体体长约5厘米，生长缓慢，4~5年发育成熟。

遇到危险时会自断尾巴逃生，尾可再生

肥尾守宫

活动季节：春、夏、秋季

活动环境：略带有湿气的森林和荒漠

肥尾守宫原产于非洲西部，从尼日利亚西部到塞内加尔都有分布。短小的四肢、肥硕的身体和憨厚的外貌使得这个品种几乎拥有更讨好的外形，深受青睐。

形态 肥尾守宫雄性身长25～28厘米，个别达到30厘米；雌性个体长约22厘米。雌性比雄性体型略小。通常全体棕色，具褐色或淡棕色条纹。有时背部见贯穿的白色纵带。腹部浅粉色或白色。

习性 **活动**：雄性领地观念很强，一定要隔离饲养，以免因打斗造成严重的伤害甚至死亡。遭到威胁或逃生时可断尾，新尾长出来会更近圆形，更像头部。**食物**：肉食性，可以接受大小适中没有尖刺和毒性的昆虫和蠕虫。人工饲养时可用去掉大腿的蟋蟀喂养。可依靠消耗尾部的脂肪来实现连续多天不进食。**栖境**：非洲西部略带有湿气的森林和荒漠；人工饲养环境需要维持一定的湿度。

尾部肥大，又因尾大至仿佛有两个头，有"双头守宫"之别名；尾部亦是储藏脂肪的地方，是重要的能量储存器

繁殖 每年产卵2～3次，卵经过55～65天即可孵化；新生个体约8厘米。寿命10～25年。

马达加斯加金粉守宫

***活动季节：**春、夏、秋季*

***活动环境：**树木和房屋*

马达加斯加金粉守宫产于马达加斯加北部和科摩罗，孔武有力，是当地的特产，生活在树上和墙壁，后来被人类当作宠物在家里饲养，能使居室免受昆虫的困扰。

形态 马达加斯加金粉守宫全长10～13厘米。体色极具特色，背部以绿或黄绿为底色，躯体后半部具3条红色直条长纹，另有金粉状的细小斑点密布于肩部上。头部双眼间连有2条红色带状斑纹，眼部上方有眼影般的粉蓝色泽。

习性 **活动**：日间活动，雄性具有攻击性且好斗。不接受其他雄性作为邻居。在人工饲养时雄性和雌性必须分开。**食物**：各种昆虫和无脊椎动物，也吃其他个体较小的蜥蜴，还吃软甜的水果、花粉和花蜜，通常在一棵植物上聚集了很多只。**栖境**：原生林等多种环境。

繁殖 雌性最多产5对蛋。在28℃时，孵化时间约为40～45天。未成年个体长55～60毫米，很好斗，必须被分开。生长到10～12个月时性成熟。

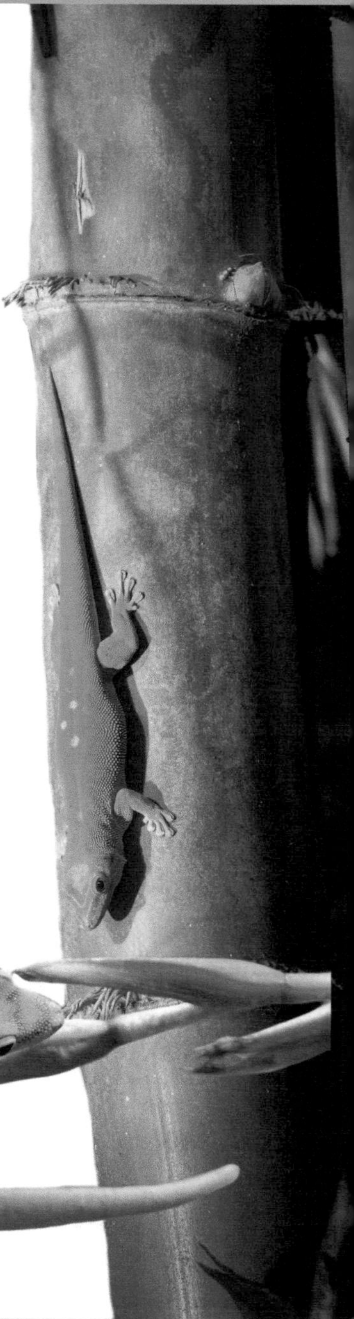

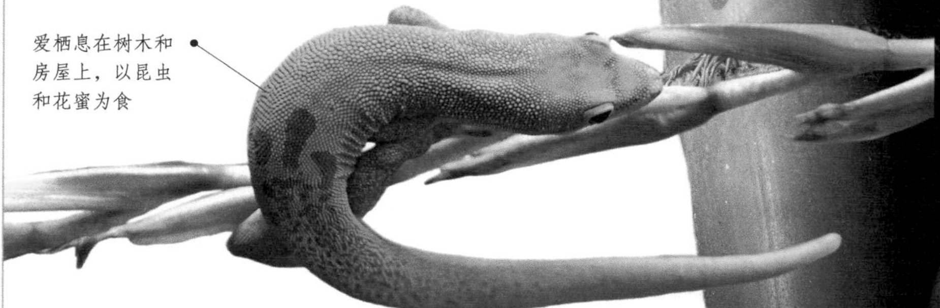

爱栖息在树木和房屋上，以昆虫和花蜜为食

别名：不详 | **分布**：马达加斯加北部、贝岛、科摩罗和留尼汪岛

孔雀日行守宫 ▶ 壁虎科，残趾虎属 | *Phelsuma quadriocellata* Peters | Peacock day gecko

孔雀日行守宫

活动季节：春、夏、秋、冬季

活动环境：湿度不高、中低海拔森
　　　　　林和人类住所附近

　　孔雀日行守宫因为鲜艳的外表，所
以在宠物市场上是很受欢迎的物种。在饲
养的状态下孔雀日行守宫可以活到10年以上。

形态 孔雀日行守宫体型纤细修长，呈流线型。体长12~13厘
米。头部略扁，吻鼻部稍尖，鼻孔位于吻端，较小；眼睛大而突出，虹膜呈褐
色，瞳孔为圆形、黑色。体表鲜艳；有个体在后肢腹股沟处有黑色斑块；在背部
有不规则分布的红色斑纹，斑纹形状每个个体都不相同；也有个体在头部有红色斑
纹。腹部颜色较浅，多为白色。体表密布颗粒状鳞片；前肢细短，后肢略长，前后
肢均为4指（趾）；指（趾）端膨大有吸盘。尾部扁平粗壮，比背部颜色略浅。

习性 **活动**：白天活动觅食，夜间在树上、篱笆缝或其他遮蔽物下休息，森林中
生活的大部分树栖；善于攀爬。**食物**：杂食性，捕食昆虫和无脊椎动物，也吃花
蜜、花粉，也吃软、熟、甜的水果，如香蕉。**栖境**：马达加斯加特有种类，栖息
在中低海拔的森林、耕地和建筑物等处；生活在湿度不大的环境中，喜欢栖息在
椰子树和芭蕉树上。喜欢温度较高、湿度较大的栖境。

繁殖 春天交配繁殖。雌性每次产卵2~6枚，将卵产在树叶、原木、岩石等遮蔽物
下；卵经40天左右孵化。幼体刚出生时体长约3厘米，一年左右性成熟。寿命可达
10年。

前肢后面在体侧处有黑色眼
点，外层为蓝色，内层为黑
色，似眼睛

头部、颈部、背部、尾部、四肢
外侧呈翠绿色或嫩绿色，类似孔
雀的翎羽而得名

蓝舌石龙子　　石龙子科，青舌蜥蜴属　|　*Tiliqua scincoides* White　|　Blue-tongued lizards

蓝舌石龙子

活动季节：春、夏、秋季

活动环境：干燥草原及森林区

很活泼，容易驯养，只要常接触，很快就会失去警戒心而变得很温顺，适合初学者，饲养得当，可活20年以上

　　蓝舌石龙子是世界上第二大石龙子，一种非常温顺且容易饲养的蜥蜴，其外形少了一般蜥蜴类的狰狞，多了一份滑稽，加上那特殊的蓝色大舌头，吸引了不少爱好者。在澳洲，它们经常出没于家庭后院的墙脚缝隙，野外数量庞大，算是澳洲最普遍的蜥蜴。

形态 蓝舌石龙子由于四肢短小，不善攀爬。雄性的头部比雌性的宽大许多。

习性 活动：地栖型，四肢短小，不善攀爬，需要较大的地面空间，四尺的饲养箱可以养一对成体，底材以无菌土比较适合，可以供它们挖掘巢穴。**食物**：杂食性，一般蔬果和蟋蟀、面包虫等活饵都能接受，食量颇大，每周需要定期补充钙质；它还吃死的昆虫或小老鼠，不需要活饵。**栖境**：干燥草原及森林区。

繁殖 胎生。经过冬天的低温刺激后，初春进行交配。在饲养箱中设置生产箱，箱内铺上略湿润的报纸或干水草。交配后3～5个月雌蜥会产下10～15只幼蜥。喂食幼蜥与成蜥相同的食物即可，食物体积要小一点，3年左右就可以成年。

分布于澳洲大陆和附近岛屿，印尼和新几内亚也见，舌头是蓝色的，平时会不时向外一伸一伸的

　别名：巨柔蜥　|　分布：澳洲、印度尼西亚、新几内亚等

| 避役 | ▶ | 避役科，避役属 | *Chamaeleo chamaeleon* L. | Common chameleon |

避役

善于随环境变化随时改变身体的颜色，利于隐藏自己和捕捉猎物

活动季节： 春、夏、秋季

活动环境： 雨林至热带大草原，有些则在山区

变色龙学名叫避役，"役"的意思是"需要出力的事"，避役则是说可以不出力就吃到食物。

形态 避役体长15～25厘米，最长达60厘米。身体长筒状，两侧扁平。头呈三角形，某些种类的头呈盔形，有的种类有显目的头饰，如3个向前方伸出的长角等。眼凸出，两眼可独立转动。尾常卷曲。体色变化不同，取决于环境因素，如光线、温度和情绪。

习性 **活动：** 绝对树栖。肤色会随着背景、温度和心情变化而改变；雄性会将暗黑的保护色变成明亮的颜色，以警告其他变色龙离开自己的领地；有些还会将平静时的绿色变成红色来威吓敌人，目的是为了保护自己免遭袭击。**食物：** 昆虫，多数会对单一食物产生厌食，有时会拒绝进食直至死亡。**栖境：** 多出现在雨林至热带大草原，有些在山区。

繁殖 大多数种类是卵生，南非有几个种为卵胎生。求偶期的雄性及要产卵的雌性会下到地面。雌性到地上产卵2～40枚，卵埋在土里或腐烂的木头里，孵化期约3个月。

变色这种生理变化，一说是在植物性神经系统的调控下，通过皮肤里的色素细胞的扩展或收缩来完成，另一说是靠调节皮肤表面的纳米晶体，通过改变光的折射而变色

▶ 别名：变色龙 | 分布：马达加斯加岛，亚洲和欧洲南部

珠宝变色龙

活动季节：春、夏、秋季，冬季进入冬眠
活动环境：海拔1850~2300米的中部山地

珠宝变色龙是地毯变色龙的近亲，体表颜色鲜艳多变，是马达加斯加独有的变色龙种类。由于宠物贸易、森林火灾以及栖息地的减少，目前已经面临灭绝；而且人工饲养、繁殖的难度较大。

非繁殖期体色以浅绿色为主；繁殖期背部颜色以墨绿色、棕色或黑色为主，并由无数颜色鲜艳的小斑点构成一条条横向条纹，从颈部延伸到尾部

形态 珠宝变色龙体型较小，体长12~14厘米。头部呈三角形；口大，吻端较尖，吻缘明显；舌长，长度大于身体体长，十分灵活，能快速弹出，舌尖产生强大的吸力；双眼位于头部两侧，眼帘很厚呈环形。身体侧扁平，雌性背部隆起有背脊；尾巴细长，能缠卷树枝。四肢细长。体表不光滑，有疣状颗粒。

习性 活动：爬行，树栖，行动缓慢，一走一停，如同风中摇摆的树叶；冬季会隐藏在枯叶中进入冬眠。食物：肉食性，捕食小型昆虫，如蟋蟀、苍蝇、蚱蜢、蛾类等，采用埋伏捕食方式，静静等待猎物出现，用长舌闪电式地捕获。栖境：原始栖息地在马达加斯加中部山地，爱栖息在草丛、灌木或稀疏的树木上。

繁殖 一年交配繁殖2~3次，繁殖期成体颜色以灰黑色为主。雌性孕期约30天，每次产卵8~12枚，产在枯叶中或用土掩埋起来。卵的孵化期较长，9个月左右，幼体体长约23毫米，雌雄难辨，成长速度较快，3个月就能发育成熟。

眼球突出，左右眼可以单独活动不协调一致

高冠变色龙　▶　避役科，避役属　|　*Chamaeleo calyptratus* D.& B.　|　Veiled chameleon

高冠变色龙

活动季节：春、夏、秋季

活动环境：沙漠

高冠变色龙是少数分布于亚洲、大多分布于非洲（特别是马达加斯加岛上）的种类。它的眼睛是上下眼睑连接在一起，通过针孔大小的瞳孔观察世界，可以独立聚焦，允许同时观察两个不同的物体。如果昆虫等猎物在视线中出现，两只眼睛会转向同样的方向，确保清晰呈现昆虫的影像，能在10米外的位置发现猎物。

头顶有由骨板构成的高耸如高帽般的头冠，这个器官被认为是用来在沙漠晚间的雾气中凝结和收集水分的

形态 高冠变色龙因为头上高耸的肉冠而得名，性别很容易鉴定，成体雄性体型往往大于雌性，能够达到65厘米长，雌性只有45厘米左右；雄性的头冠尺寸也要远大于雌性，体色要比雌性来得更丰富和华丽。幼体没有变色能力，体色是单纯的浅绿色，雄性幼体在出生时后脚根部有一个小肉质凸起，雌性则没有。

习性 **活动**：树栖，日行性，习惯于在垂直的空间中上下活动。**食物**：杂食性，在人工饲养环境中可以用蟋蟀、面包虫、大麦虫等容易取得的活饵作为主食，也吃一些蔬果补充水分。食物应完全为活体。**栖境**：沙漠环境，白天是严酷的干燥高温环境，晚间则会因气温骤降导致空气中的水分凝结成为雾气而使空气的相对湿度几乎达到接近饱和。

繁殖 每年繁殖1次以上。雌性每次产卵多达85枚，埋入浅沙中孵化。幼体6个月性成熟，雄性肛吻长到18厘米、雌性肛吻长到14～16厘米时可以交配。雌性寿命约5年，雄性寿命约8年。

▶　别名：不详　|　分布：少数分布于亚洲，大多分布于非洲，特别是马达加斯加岛上

高冠变色龙

枯叶变色龙 ▶ 避役科，变色龙属 | *Brookesia superciliaris* H.Kuhl | Brown leaf chameleon

枯叶变色龙

活动季节：春、夏、秋、冬季

活动环境：马达加斯加岛东海岸湿度较大的原始森林

枯叶变色龙如同其他变色龙一样，是伪装高手。受到威胁时，其第一反应是保持静止，进行显著的伪装或采取其他防御行为，如将腿部折叠在腹部下，滚动到一侧并保持非常静止——巧妙地模仿森林地面上的死叶。

形态 枯叶变色龙体型较小，体长6~8厘米。头部呈三角形；口大，吻端较尖，吻缘明显；舌长大于体长，十分灵活，能快速弹出，产生强大吸力。双眼位于头部两侧。身体侧扁平，背部隆起呈弓形。四肢细长。尾巴短。体表不光滑，有皮肤褶皱，背部两侧从颈部到尾部各有一排锥状凸起，身体其他部位有不明显凸起。体表多为咖啡色、米色、灰色、橄榄色、绿色或暗红色，与所处环境有关，并有深颜色不规则斑纹。

习性 活动：爬行，活动缓慢，行动起来一走一停，如同枯树叶一般；经常隐藏在枯叶下或伪装成枯叶；受到威胁时会停住移动伪装成树叶；雄性的地域性很强，极具攻击性。**食物**：肉食性，捕食小型昆虫，如蟋蟀、苍蝇、蚂蚱、蟑螂、蜘蛛等；采用"守株待兔"式的捕食方式，静静地等待猎物经过，闪电般地用舌头吸住。**栖境**：原始栖息地为马达加斯加岛东部海岸的热带雨林，栖息在地面或中下层灌丛树木上，环境潮湿阴凉。

繁殖 每年交配繁殖2~4次，黄昏时分进行，雄性用点头和摇摆方式求爱；体内受精；孕期30~45天。雌性每次产卵2~5枚，隐藏在枯叶、苔藓或树枝碎木下。孵化期60~70天，幼体经3个月可交配繁殖，经9个月才发育成年。寿命2~3年。

● 体型细长，脊背较高，身体如同卷起的树叶

● 眼帘很厚呈环形，眼球突出

别名：枯叶侏儒变色龙 | **分布**：马达加斯加岛

杰克森变色龙

活动季节： 春、夏、秋季

活动环境： 林间或灌木丛

　　杰克森变色龙产于非洲东部，不论哪个亚种，雄性的头部长有三只角，用来在繁殖季争夺雌性时使用。除了非洲原产地外，有数十只杰克森变色龙曾于1972年被进口到夏威夷，至今已经繁衍出一个野生族群。

成体雌性不同的亚种有的没有角，有的有1个角，有的有3个短角

[形态] 杰克森变色龙体型小，全长约30厘米。雄性头上长有3只角，主要用于与同性互斗。头后方并无瘤冠。背部中线覆有锯齿状鳞列，躯体及四肢皮肤上均混有圆形大型鳞片。体色经常变化。

[习性] **活动：** 攻击性不高，但以单独饲养最好。环境湿度保持80%，温度须维持在28℃，夜间可降到22℃，幼体无法承受高于29℃的高温。当它们颜色变淡，张大口呼气，即是过热征兆，要立刻采取降温措施。**食物：** 食物多样化，包括蟋蟀、樱桃红、杜比亚蟑螂、大麦虫、面包虫、蚕、豆青虫等。**栖境：** 非洲坦桑尼亚和肯尼亚的Meru山及Kenya山的热带雨林区。

[繁殖] 胎生。交配后怀孕期6~9个月，雌性每次产下10~30只幼体，产下时是包在一个黏性薄膜囊内。如果幼体无法破囊而出，就必须以人为方式协助它们钻出。幼体5~6个月可以长成成体进行繁殖。寿命比一般变色龙长，可以活10年。

野外主要栖息地在非洲坦桑尼亚和肯尼亚的Meru山及Kenya山的热带雨林区，地势较高，年降雨量达1200毫米以上

▶ | 别名：不详 | 分布：非洲东部

费瑟变色龙 ▶ | 避役科，双角避役属 | *Bradipadion fischeri Reichenow* | Fischer's chameleon

费瑟变色龙

活动季节：春、夏、秋季

活动环境：灌木林、雨林或中海拔森林

费瑟变色龙产于非洲东部，雄性鼻端有两根突出的长角，雌性的角小很多，只有亚种*C.f. excubitor*雌雄两性都没有角。

形态 费瑟变色龙体型中等，雄性最大可达26厘米，雌性约33厘米。吻部长，有一对角状突起。雌性会随亚种不同略有差异，但通常不发达。背中线上有无锯齿状鳞列也和亚种不同有关。颜色主要为绿色并带有黄色、白色、深绿色等。

习性 **活动**：喜欢攀爬，人工饲养可放置户外铁网笼子，利于空气流通，内放适量植物和树枝供其爬，可用报纸、泥土或人造地毯当底床。**食物**：吃各种蟋蟀、面包虫。饮水以喷水或滴流为主。**栖境**：高山热带雨林区，最适宜温度是27～31℃。

繁殖 难繁殖，如果能够诱导交配，每年可以生两窝卵，每窝10~35枚，在23～25℃时4～5个月会孵化，幼体经过大约6个月就能成年。

分布区在坦桑尼亚的Nguru和Usambara山区的热带雨林，海拔1000～1700米，需要潮湿凉爽的环境和大的日夜温差，湿度约85%，日间温度不超过29℃，最佳为27℃，夜间温度可以降到22℃，这种温差对它来说十分重要，不能保持一成不变的日夜温度

▶ | 别名：不详 | 分布：非洲东部

七彩变色龙

活动季节*：春、夏、秋*

活动环境*：原始森林、沿岸低地*

七彩变色龙在马达加斯加岛北部，留尼旺岛（Reunion）与诺西比岛（Nosy Be）皆可发现野生个体，不过分布于留尼旺岛及毛里求斯（Mauritius Island）的个体是人为引进的。随着产地不同，个体在体

某些种类的头呈盔形，有的种类有显著的头饰

色上也存在着明显差异，部分色彩特殊的地域性种类成为在观察时的欣赏重点。该种群总体种类约160种，人们还在不断发现新的种类。

形态 七彩变色龙体长15～25厘米，最长达60厘米。身体长筒状，两侧扁平。头呈三角形；眼凸出，两眼可独立地转动。各种的体色变化不同，变色机制是植物神经系统控制含有色素颗粒的细胞，扩散或集中细胞内的色素。尾常卷曲。

习性 **活动**：绝对树栖，多出现在雨林至热带大草原，有些在山区；在寒冷的大草原则很罕见。**食物**：主要吃昆虫，亦食鸟类。**栖境**：海拔150～550米的原始森林环境，以及富含水气的沿岸低地，对于温度与湿度要求介于莽原栖息型与高山型之间。

繁殖 交配后约2个月产卵，产卵笼中可预装装满微湿无菌土的塑胶盆供雌性产卵，雌性在盆中挖洞挖到盆底，产下10～35枚卵。卵放在孵卵器中，保持26～28℃，8～10个月可孵化。

许多种类能变成绿色、黄色、米色或深棕色，常带浅色或深色斑点；颜色变化决定于环境因素，如光线、温度以及惊吓、胜利和失败等情绪；人们普遍认为其变色是为了与周围环境颜色一致，这其实是误解

▶ 别名：变色龙 | 分布：马达加斯加岛，撒哈拉以南的非洲

七彩变色龙

国王变色龙

活动季节：春、夏、秋季

活动环境：凉爽的高地森林区

国王变色龙产于非洲东岸的马达加斯加岛上，是变色龙科中体型最大也最重的一种。它们经常捕食小型哺乳类、鸟类甚至其他爬行类。该种群有很多变异种，其中黄唇型是最受欢迎的一种，如果把不同变异种用来繁殖，产下的卵通常都没有受精。

形态 国王变色龙全长60～70厘米。在雌雄辨别上并不困难，雄性较大，体色较华丽，在鼻子两侧都各有一根骨质突出物，雌性则没有。

习性 活动：个性沉稳，不如其他种类具攻击性，需要比较大的活动空间。**食物**：吃较大的昆虫如蟑螂、蝉、蚱蜢、蝗虫或蟋蟀等，甚至小鸟、小型爬虫类与小型哺乳类（如小老鼠）等。**栖境**：生活在比较凉爽的高地森林区，夏天要避免温度超过30℃。本种连滴流水也不太会喝，最好使用喷雾器或洒水器每天定时喷洒1小时左右。

繁殖 成功交配后5～6个月雌性产卵，每年只产1次卵，每次可产30～50枚；孵化期长达1～2年，期间需有春雨的刺激，非常难以孵化。

舌头力量大得惊人，同时也长达体长的一倍半之多

生活在比较凉爽的高地森林区，人工饲养夏天避免温度超过30℃

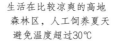

有鳞目·蛇亚目

PART 8
234~270页

眼镜王蛇

活动季节： 春、夏、秋季

活动环境： 平原、丘陵和山区

眼镜王蛇相比其他眼镜蛇性情更凶猛，反应也极其敏捷，头颈转动灵活，排毒量大，是世界上最危险的蛇类之一。它也是经济价值很高的特种经济动物，其皮、肉、血、胆、蛇毒等各具药用价值，特别是蛇毒是国际市场极为短缺的动物性药材，被誉为"液体黄金"，价格比黄金贵几十倍，供不应求。

形态 眼镜王蛇为大型蛇类，最长纪录：中国3.8米，中国之外5.6米。眶前鳞1枚，眶后鳞3枚；顶鳞之后有1对大枕鳞；上唇鳞7枚，下唇鳞8枚。背鳞平滑无棱，具金属光泽，斜行排列；雄性腹鳞235～250枚、雌性腹鳞239～265枚，肛鳞完整；具前沟牙，其后有3枚小牙。生活时，体背面黑褐色；颈背具一"∧"形黄白色斑纹，无眼镜状斑；躯干和尾部背面有窄的白色镶黑边的横纹。下颌土黄色；体腹面灰褐色，具有黑色线状斑纹。

幼蛇斑纹与成体有差异，主要是吻背和眼前有黄白色横纹，身体黑色，有35条以上的浅黄色或白色横纹

习性 活动：广泛生活在平原、丘陵和山区，常出现在近水处或隐匿于石缝或洞穴中，白天活动。食物：主要食物就是与之相近的同类——其他蛇类。栖境：沿海低地到海拔1800米的山区，多见于森林边缘近水处，林区村落附近也时有发现。

繁殖 卵生，6月产卵，产卵数可达51枚，卵径6.5厘米×3.2厘米。以落叶和枯枝筑巢穴。雌蛇有护卵习性，在巢中守护待小蛇孵出。

▶ 别名：山万蛇 | 分布：东南亚和南亚，中国浙江、福建、江西、海南、广西、四川、贵州

印度眼镜蛇

活动季节：春、夏、秋季

活动环境：原始森林、水稻田及公园

　　印度眼镜蛇是有毒蛇种，主要分布于印度次大陆，故得名。在印度神话中，它有着神圣而可怕的形象，甚至具备了无上权威的神格。印度主神湿婆颈上总缠着一条守护的眼镜蛇；掌管宇宙的大神毗湿奴就经常躺在"千蛇之王"舍沙之上。

形态 印度眼镜蛇平均长度为1.4～1.6米，已知最长纪录为2.25米。雄蛇的躯干及尾部比雌蛇大。鳞片呈覆瓦状斜向排列，色彩多样。身体有淡褐色、褐色、橄榄绿、暗灰绿或全黑色，且可掺混在一块儿或呈现横纹状。喉部通常为粉黄色。也会有一些变异的白化个体，全身呈粉黄色，眼睛为红色。

习性 **活动**：喜独居，在繁殖期间会成对活动；面对敌人时颈部的外皮可以伸张，以摆出其著名的威胁姿势。**食物**：主要进食啮齿目动物如鼠类、蟾蜍、蛙类、鸟类与及部分蛇类。**栖境**：原始森林、水稻田及公园，也生活于下水道等阴暗地方。

繁殖 卵生，每年4～7月产卵。雌蛇每次可产12～30枚蛇卵，并于设置在地下的巢穴中孵卵48～69天。初出生的印度眼镜蛇身长20～30厘米，诞下不久就已具备完善的毒液分泌腺。

毒液是强烈的神经毒素，会攻击心脏、肌肉及呼吸系统的神经，阻隔器官和神经系统的联系，使伤口不会很痛，但导致肌肉麻痹、呼吸衰竭、心搏停止，从咬伤到死亡相隔30分钟到30小时不等

印度眼镜蛇

| 埃及眼镜蛇 ▶ | 眼镜蛇科，眼镜蛇属 | *Naja haje* L. | Egyptian cobra |

埃及眼镜蛇

活动季节：春、夏、秋季
活动环境：干燥且有少量水源及植被的热带草原或半沙漠地区

埃及眼镜蛇毒性强烈，主要分布于北非及中东地带，活动于撒哈拉沙漠及叙利亚沙漠附近。它曾是埃及蛇形女神瓦吉特的代表物，亦是古法老王支配国的权威标志，因此亦被称为"神圣的毒蛇"。

形态 埃及眼镜蛇体型大且粗壮，长1.5～2.4米。尖牙不能折叠，相对较小。颈部有皮褶，可以向外膨起用以威吓对手。身体颜色多样，从黑色、深棕色到浅黄白色。

● 眼睛比其他蛇类偏大，瞳孔圆形

习性 活动：夜行性，喜欢阴暗环境，偶尔也会在清晨享受阳光的沐浴。**食物**：蜥蜴、蟾蜍、鼠类等各种小型动物，以及包括眼镜蛇在内的其他蛇类。**栖境**：较为干燥且有少量水源及植被的热带草原或半沙漠地区，实际上鲜少出没于沙漠地带。有时也会在绿洲、耕地、有零落植被的山地及一般草地。

繁殖 雌性能生产8～33枚蛇卵，通常产在白蚁丘上，经过60天的孵化期后，小蛇会破壳而出。

● 最显著的特征是硕大的头部及颈部，以及宽阔的喙部

● 被激怒时会将身体前段竖起，颈部两侧膨胀，此时背部的眼镜圈纹愈加明显，同时发出"呼呼"声，借以恐吓敌人

▶ 别名：蝙蝠蛇、五毒蛇 │ 分布：北非及中东地带，撒哈拉沙漠及叙利亚沙漠、阿拉伯半岛

东非绿曼巴蛇 ▶ | 眼镜蛇科，曼巴蛇属 | *Dendroaspis angusticeps* A.S. | Eastern green mamba

东非绿曼巴蛇

浑身绿得像一根翠竹，头和身子一般细，能灵活地在树枝间跳跃

活动季节：春、夏、秋季

活动环境：树上

东非绿曼巴蛇生活在非洲东部和南部的森林地区，1849年首次被苏格兰的一位外科医生兼动物学家描述。该种群被认为是目前爬行速度最快的蛇之一，时速超过11千米。以这样的速度穿梭在草丛间，相信人是追不上的，而且大多数猎物也难逃被它捕捉的命运。

形态 东非绿曼巴蛇的体型紧实、苗条，尾部长短适中。成年雄性全长约1.8米，雌性约2米，极少有超过2.5米的。头部狭窄，延长，呈棺材形。身体绿色，眼睛炯炯有神，鳞片明显，背鳞平滑，斜窄。

习性 **活动**：喜好伪装隐藏，性情害羞，很少主动攻击人类，受到威胁或被激怒时，颈部会展开、扁平，变得凶猛异常。**食物**：白天觅食，以鸟类、鸟卵、蛙、蜥蜴、蛇和小哺乳动物为食。**栖境**：具有高度的树栖性，除非是补充水分，否则不会在地面活动。

绿色素多少只跟栖息环境相关，是有效伪装手段，有助于捕捉猎物，避开天敌

繁殖 卵生，雌性每次产10～15枚卵，孵化期约3个月，幼蛇一经孵化便有剧毒。野生者寿命15～25岁。

比黑曼巴蛇体型更小，攻击性更弱一些，但如果被其咬伤后没经处理，也很致命，因为它们的毒液会快速麻痹受害者的心脏和肺脏并使它们停止工作

▶ **别名**：东部绿曼巴蛇 | **分布**：南非、莫桑比克、斯威士兰、坦桑尼亚、肯尼亚、马拉维和津巴布韦

东非绿曼巴蛇

黑曼巴蛇

活动季节：春、夏、秋季

活动环境：干燥的环境中

黑曼巴蛇是非洲最长、最可怕的毒蛇，也是全世界最致命的蛇。人类一旦被黑曼巴蛇咬到，可在 30~60分钟内死亡！其名字中的"黑"字，其实是形容其乌黑的口腔而不是指其灰色或棕色的身体。

形态 黑曼巴蛇体型庞大，出生时体长约60厘米；成体全长2.5~3.2米，最大个体记录长度是4.48米；重量1.6~3.1千克。棺材形头部，极易辨认。眼睛棕色或黑色。体色有多种变化，灰色、灰蓝色、墨绿色、棕色、褐色、土黄色等，少有黑色；幼体主要为鲜艳的灰色或墨绿色。腹部白色，有的为米黄色；有些个体的身上长有浅色条纹。

习性 活动：隐居性，行动隐秘；受到惊扰时会张开像眼镜蛇般的颈部，打开乌黑的口腔并发出"汪汪"声。其学名有"树蛇"之意，但主要在地面上活动。日行性，在中午时分通常会爬上树顶等较高处晒太阳或等候猎物。食物：捕食小型哺乳类、鸟类、蜥蜴和其他蛇类。栖境：分布地广泛，从热带干湿季气候地区、疏林地、石地，到密林均见行踪，其中灌木林是主要栖息地。

繁殖 交配后，雌蛇能产大约 17 枚卵，蛇卵的孵化期通常为 3 个月，一般在夏季进行。幼蛇在刚出生时已经有跟成体一样致命的毒液。

只需两滴毒液就可以致人死亡，且不管在任何时候，其毒牙里都有20滴毒液

世界毒蛇中体型最长、速度最快、攻击性最强的杀手，能以高达19千米的时速追逐猎物

亚洲岩蟒

活动季节： 春、夏、秋季

活动环境： 草原、湿原、灌木林、岩山、树林以及河谷

亚洲岩蟒又叫印度岩蟒，是世界上最巨型的六种蛇类之一。2012年8月，美国国家地理网站报道，佛罗里达州发现了一条长达5.4米的亚洲岩蟒，其体内还有87个待产的蛇卵，刷新了该地区发现的最长蟒蛇为5.12米的纪录。

形态 亚洲岩蟒体型大，平均可达4米以上，雌性比雄性大。头较躯体小，无毒。吻端扁平，有3对唇窝。体棕褐色，头背有棕色箭头状斑；背面黄色，满布不规则棕色云状大斑；腹部白色。泄殖腔两侧有一对退化的爪状残肢。

习性 **活动：** 夜行性，力气大，生长速度和体型惊人，有时会攻击侵犯其领地的大型动物，甚至将对方绞杀，有一定危险性。游泳能手，可逗留于水内达30分钟之久。**食物：** 肉食性，捕猎各种大小不一的鸟类及哺乳动物。**栖境：** 热带雨林中。

繁殖 卵生，雌蛇每次能诞下多达100枚蛇卵，亦会负起保护及孵育蛇卵的责任。作为变温动物，雌性不能直接以体温孵育蛇卵，多以身体肌肉在蛇卵周边进行反复的摩擦，产生热能，以确保有足够温度孵化蛇卵。

有3对唇窝（热感应器官）

可以长到6米以上，粗细赶得上成年男子的腰围，是世界第三大蟒蛇，全体生长到4米以上十分正常，人工饲养的雌性可达7米以上——大量投喂且保持温度，出生两年内就可以长到3米左右

| 绿树蟒 | ▶ | 蟒科，树蟒属 | *Morelia viridis* Schlegel | Green tree python |

绿树蟒

活动季节： 春、夏、秋季

活动环境： 树木之上

　　绿树蟒虽然是蟒蛇，但体长鲜少超过180厘米，算蟒蛇中相当袖珍的品种。它适中的大小、华丽的体色和独特的习性，一出现在市场上就受到很多玩家的追捧。从2006年开始，大批人工繁殖的幼体进入大陆市场，使这个品种的价格趋于平实。

幼体一般在出生后几个月至几年间变换为成体的绿色调，个别产地的成体仍会保持淡黄色

形态　成年绿树蟒体长一般90～120厘米，最高纪录为213厘米。上唇鳞片位置有一双具备耐热功能的凹槽。身体呈鲜明的绿色，沿着脊柱位置有一条蓝色条纹，周身零星分布白色或黄色鳞片，也有部分背部中央只有黄、白色鳞片组成的线条。幼体主要有淡黄、鲜红和砖红色。

习性　**活动：** 栖息于树上，以身体环绕树枝往来回蜷，最后把头部垂在正中间位置，远看形状就像一个马鞍。**食物：** 小型哺乳类动物，例如鼠类等，亦会进食其他爬虫动物。**栖境：** 热带雨林及灌木丛间。

繁殖　卵生，每次生产12～25枚蛇卵。母蛇会把卵放置到树洞里进行孵育。孵化后出生的幼蛇体色主要是浅黄色，布有淡淡的紫色及棕色斑纹。

树栖、夜行性的小型蟒蛇

▶　别名：不详 ｜ 分布：印度尼西亚、巴布亚新几内亚与及澳大利亚一带

网纹蟒

活动季节：春、夏、秋季
活动环境：热带雨
林、林地、草
地及泥沼环境中

　　网纹蟒是世界上最长的蟒类，缠绕力非常强大，身体背部有复杂的钻石形黑褐色及黄或浅灰色的网状斑纹，故得名。它是很强力的掠食者，有人类被其绞杀且吞噬的纪录。经人工繁殖的网纹蟒性格比较温顺，在一些发达国家被当宠物饲养。

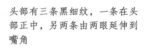

头部有三条黑细纹，一条在头部正中，另两条由两眼延伸到嘴角

形态 网纹蟒体型细长，成体长8～9米，最长可达12米以上。

习性 **活动：**夜行性，独居，能上树下地，入水，白天缠绕树上休息，夜间出来捕食和活动，眼睛只能看见运动中物体的轮廓，大多静止在一个地方伺机捕食路过的动物。**食物：**肉食性，主食小动物，也吃鹿、野猪等大型动物。**栖境：**热带雨林、林地、草地及泥沼环境。习惯夜行，有时出现在村庄附近袭击家畜。

繁殖 卵生。交配后3～4个月，雌蟒产下30～100枚卵。雌蟒通过间歇性肌肉收缩控制孵化温度，2～3个月幼蟒可破壳而出，刚出壳时仅5～7.5厘米长。

目前已濒临灭绝，可以长成世界上最大的蛇，长到巨大体型的情况比森蚺更常见；年老的蛇一般比年轻的大，雌蛇通常比雄蛇大，生活在环境适宜、食物充足条件下的蛇比生活在不适宜条件下的蛇长得大

▶　别名：网蟒　|　分布：印度、柬埔寨、新加坡、越南、老挝、缅甸、中国、印度尼西亚及菲律宾

亚马逊森蚺 ▶ 蚺科，水蚺属 | *Eunectes barbouri* L. | Green anaconda

亚马逊森蚺

活动季节： 春、夏、秋季
活动环境： 泥岸或者浅水中

亚马逊森蚺是当今世界上最大的蛇，栖息于南美洲，最长可达10米以上，重达250千克以上。

森蚺自古即以"无声杀手"的恶名著称于南美洲的河流和森林地带，其最强的武器不是利牙毒液，而是无人能及的力气——只要蜷曲身体，就可将猎物压个粉身碎骨，连世界上最大的啮齿类动物南美水豚也不能幸免，可谓难逢敌手。

形态 亚马逊森蚺体型大，平均体长约4米。嘴巴上下可张到180度左右，4排牙齿可以独立活动，没有下巴，上腭中间的2排牙齿可以上下游动，有利于吞噬猎物；蛇皮可以拉伸，可以吞下比自己体型大的猎物；舌头是化学物探测器；鳞片可以感知猎物是否在动；眼睛是热能感应器；气管在喉咙处。

习性 **活动：** 生性喜水，大部分夜间活动，也常在大白天看到它在晒太阳。**食物：** 位于南美洲食物链的上端，捕食水鸟、龟、水豚、貘等，也喜食中大型哺乳动物，连凶残成性的美洲豹、凯门鳄也可能成为其腹中餐。**栖境：** 泥岸或浅水中。

繁殖 卵胎生。卵在体内受精、发育成新个体，但胚体与母体在结构及生理功能上关系并不密切。胚胎发育所需营养主要靠吸收卵自身卵黄，胚体也可与母体输卵管进行物质交换。

生性喜水，通常栖息在泥岸浅水中，粗如成年男子的躯干 ●————

▶ 别名：森蚺 | 分布：仅生活于南美洲

沃玛蟒

活动季节： 春、夏、秋季，冬季进入冬眠

活动环境： 沙漠、荒野、热带草原、森林等地带

　　沃玛蟒是澳大利亚独有的盾蟒属蟒蛇，无毒性；生性活跃，性格温和。在澳大利亚分布广泛，但数量不多，近十年来数量下降了近50％，目前面临生存问题，已经被列入濒危物种。

形态 沃玛蟒成体体长1.5～3米。头部窄小，呈三角形，头顶部平；吻端略尖，口大；眼睛小。身体宽阔扁平，尾端细尖。体表光滑，背部有较小鳞片50~65行，腹部密布鳞片。身体颜色较多，以浅棕色为主，并有深棕色环状斑纹；有的个体体表以米色为主，并有棕色环形波纹状花纹。

习性 **活动：** 昼伏夜出，白天在树荫或岩石等遮蔽物下躲避炎炎烈日和休息；夜间外出活动觅食；穿过炎热沙滩或岩石表面时会尽量抬起身体，奋力向前推进，爬行时只有几英寸的身体接触地面。**食物：** 主要捕食爬行动物，如蜥蜴和其他蛇类，也捕食啮齿类和地栖鸟类；通过嗅觉、振动、热感应确定猎物的位置，用身体将猎物缠绕窒息，从头部开始整体吞下。**栖境：** 干燥的环境中，原始栖息地为澳大利亚中部和西南部的荒野、沙漠边缘地带、草原、森林；白天会躲避在灌、草丛或岩石洞穴中。

繁殖 每年4~7月交配繁殖。雌性每次产卵5~20枚，大小和单次产卵量与所处环境有关，卵长度约792毫米，重约45克。雌性会一直盘绕在卵周围，直到幼体孵化；孵化期2～3个月。幼蟒平均体长440毫米，体重约35克。

头部多呈橙色或黄色，眼周颜色比头的其余部分要深，腹部多为奶油色或黄色

沃玛蟒

| 白唇竹叶青 ▶ | 蝰科，竹叶青蛇属 | *Trimeresurus albolabris* Gray | White-lipped tree viper |

白唇竹叶青

活动季节： 春、夏、秋季

活动环境： 有草或矮灌木丛的平原

白唇竹叶青以血循毒为主，毒性一般，极少发生致命事件，其每次的排毒量为28毫克左右。但如果在被咬伤后伤口处理不当则会发生危险，能引起伤口剧痛、水肿，渐至皮下出现紫斑，最后导致心脏衰竭死亡。

头部呈三角形，颈细，形似烙铁

形态 白唇竹叶青属于毒性蛇，体长60～75厘米，尾长14～18厘米，体重约60克。头呈三角形，其顶部为青绿色；瞳孔垂直。颈部明显；体背为草绿色，有时有黑斑纹，且两黑斑纹之间有小白点，最外侧的背鳞中央为白色，自颈部以后连接并形成一条白色纵线；有的在白色纵线之下伴有一条红色纵线；有的有双条白线，再加红线，亦有少数个体为全绿色，腹面为淡黄绿色，各腹鳞的后缘为淡白色，尾端呈焦红色。

习性 **活动：** 日夜活动，夜间活跃。有攻击性，受惊时体前部抬起，颈扩展，发出"呼呼"声。**食物：** 捕食鼠类、蜥蜴、蛙、蝌蚪类，其中小型哺乳动物占70%，蛙类占23%，食物贫乏时会食用同类幼体。食欲较强，食量也大，通常先将猎物咬死，然后吞食。**栖境：** 有草或矮灌木丛的平原、丘陵海拔900～1000米地区、山间盆地的杂草或灌木丛中、住宅附近。

繁殖 卵胎生，7～8月产仔，每次产7～8条，最高可产14条。刚出生的小蛇就有毒牙，也能伤人。

体背鲜绿色，有不明显的黑横带；腹部黄白色

| ▶ | 别名：竹叶青、青竹蛇、青竹标 | 分布：东南亚及中国南部 |

绿树蛇 ▶ 游蛇科，过树蛇属 | *Dendrelaphis punctulatus* Gray | Green tree snake

绿树蛇

活动季节：春、夏、秋季

活动环境：丛林、热带雨林边缘、溪流边、近水源植被茂盛处

绿树蛇能够在空中滑翔，一次滑翔距离可达100米左右，然后落到另一棵树上。在滑翔中它们尽量将身体展平，使体宽变成原来的两倍，形成一个向上凸起的结构，就像降落伞一样，然后以S形运动轨迹在半空中运行，以保持身体平衡，使滑翔不致失控。

形态 绿树蛇体型纤细修长，体长90~100厘米。头部扁平，呈柳叶形；吻鼻端较尖，鼻孔位于吻端两侧；眼睛大；舌头分叉。体表颜色比较单一，背部有绿色、橄榄绿色和黑色等，有的个体背部为蓝色；喉咙部和腹部颜色较浅，一般呈黄色。

危险靠近时会膨胀身体和颈部使自己更庞大以吓退敌人，还会从肛门释放出刺鼻臭味来吓退、阻止捕食者

习性 **活动**：树栖，无毒；白天活动，夜间在树洞、树枝、原木下和岩石缝中等较隐蔽处休息。攻击性差，见到人类会主动逃离，有时为了自保可能伤害人类。为了生长，每年蜕皮1~2次。**食物**：肉食性，捕食青蛙和小型爬行动物以及卵，也捕食鱼类、哺乳动物、壁虎和幼年龟类等。**栖境**：丛林中、热带雨林边缘、小溪河流边缘、植被茂密处均见，一般生活在离水源较近、植被茂密处。

捕食鸟类、树栖蜥蜴和蛙类等

繁殖 每年春季繁殖，秋季亦见交配。卵生，雌性妊娠期为5~12周，通常6~7月产卵，每次产卵3~12枚，孵化时间与温度有关。孵化后，雄性的性成熟期为21个月，雌性为21~33个月。野生状态下寿命为5~8年。

▶ 别名：澳大利亚树蛇 | 分布：澳大利亚北部和东部沿海地区

黑眉锦蛇　▶　　游蛇科，曙蛇属　|　*Orthriophis taeniurus* Cope　|　Beauty rat snake

黑眉锦蛇

活动季节： 春、夏、秋季

活动环境： 高山、平原、丘陵、草地、田园及村舍附近

黑眉锦蛇是无毒蛇，具有较大药用价值，常被人类捕杀，数量不断锐减。

形态　黑眉锦蛇体型大，全长可达2米左右。眼后有2条明显的黑色斑纹延伸至颈部，状如黑眉。背面呈棕灰色或土黄色，体中段开始两侧有明显的黑色纵带直至末端，体后具有4条黑色纹延至尾梢。腹部灰白色，体长约1.7米以上，个别个体可以突破2.5米。

习性　活动：性情较粗暴，善攀爬，受到惊扰时竖起头颈离地20～30厘米，身体呈"S"状作随时攻击之势。食物：喜食鼠类，常因追逐老鼠出现在农户的居室内、屋檐及屋顶上，在南方素有"家蛇"之称，被誉为"捕鼠大王"，年捕鼠量多达150～200只。

头和体背黄绿色或棕灰色，眼后有一条明显的黑纹，体背的前、中段有黑色梯形或蝶状斑纹，略似秤星，故又名秤星蛇；由体背中段往后斑纹渐趋隐失，但有4条清晰的黑色纵带直达尾端，中央数行背鳞具弱棱

栖境：高山、平原、丘陵、草地、田园及村舍附近，也常在稻田、河边及草丛中，有时活动于农舍附近。

繁殖　每年5月左右交配，6～7月产卵，每次产卵6～12枚。孵化期为35～50天，受温度影响很大。8～9月幼蛇出壳。

▶　别名：秤星蛇、眉蛇、家蛇　|　分布：朝鲜、越南、马来半岛北半部、老挝、缅甸、印度及中国各地

| 玉米锦蛇 | ▶ | 游蛇科，锦蛇属 | *Pantherophis guttatus* L. | Corn snake |

玉米锦蛇

活动季节：春、夏、秋季

活动环境：干燥林地、沼泽、农田

玉米锦蛇别名红鼠蛇，无论任何体色，背上都会隔离出四方斑纹，而少部分腹部会有黑色的方格，"玉米"之名由此而来！

形态 玉米锦蛇全长80～120厘米，最长可达182厘米。颜色很多，从灰色、灰褐色至土黄色、橙色等，上有镶黑边的红或红褐色斑纹。腹部上有浓淡相间的方格状斑纹，尾部腹面位置则呈直条纹状。

习性 **活动**：天冷时活动较少，捕猎也较少。在寒冷地区会冬眠，在沿海较为温和的气候下在冬天里会躲在岩石裂缝中和原木上，在温暖的天气里出来吸收太阳的热量。**食物**：肉食性，在野外每隔几天吃一次，会吃鼠类，也吃爬行动物或两栖动物，或爬到树上觅食鸟蛋。**栖境**：杂草丛生的田野，开阔森林、树林，废弃的或很少使用的房屋和农场，从海平面到在海拔6000英尺（1英尺=30.5厘米）均可生存。

繁殖 每年3～8月交配，每次产6～30枚蛋，孵化期达60天以上。在地面上长4个月大，会爬上树、悬崖和其他升高的表面。2～3岁性成熟。野生寿命6～8年，人工饲养可达23年或以上。

亚种变异很多，已培育出不同的体色变化，如白化型、脱黄色型、脱红色型及无色型、纵纹型

▶ 别名：玉米蛇、粟米蛇、红鼠蛇 | 分布：美国东南部、墨西哥湾沿岸

灰腹绿锦蛇 ▶ 游蛇科，锦蛇属 | *Gonyosoma frenatum* Gray | Rein ratsnake

灰腹绿锦蛇

活动季节： 春、夏、秋季

活动环境： 丘陵与低山的林中

灰腹绿锦蛇色彩艳丽，适于观赏。它在我国中南部和西南部的省份较为常见，爱在人类居住区或耕作区活动，主要捕食啮齿动物如鼠类，对消灭有害动物起到重要作用，是有益动物，受到国家保护。

形态 灰腹绿锦蛇全长1米左右，体尾均较细长，尾长约占全长的2/5。通身背面翠绿色，腹面淡黄色，眼后有一条黑色纵纹。幼蛇背面浅褐色，部分鳞缘色黑，彼此缀连显示黑色网纹，头侧有一黑色纵纹穿过眼。吻较长，眼大，瞳孔圆形；没有颊鳞；眶前鳞1，眶后鳞2；上唇鳞8，下唇鳞10。背鳞19-19-15行；腹鳞具侧棱，200～227对；肛鳞二分；尾下鳞亦具侧棱，120～149对。

习性 活动：树栖。**食物：** 肉食性，以鸟、蜥蜴或小型哺乳动物为食。**栖境：** 海拔200～1000米的丘陵与低山的林中。

繁殖 卵生，8～9月产卵5枚左右。

通身背面翠绿色，腹面淡黄色，眼后有一条黑色纵纹

▶ 别名：不详 | 分布：越南、印度及中国浙江、安徽、福建、河南、广东、广西、四川、贵州

加州王蛇

活动季节：春、夏、秋季

活动环境：沙漠、草原、森林、沼泽、灌木丛、高山

王蛇之所以称"王"，最主要的特点是它们本身无毒却可以其他蛇类为食，对原产地的蛇类剧毒几乎免疫。加州王蛇是王蛇类中最普遍的种类，是一种很好的入门级玩具蛇，所以在美国也称为"普通王蛇"。它是一种常见的宠物蛇类，以身上明显的条带闻名。

形态 加州王蛇基本体色是黑白交错横花纹，其他变异体色也很多，底色多由黑色到棕色，环带斑纹则为白色到黄色。

习性 **活动：**性情温和，如果生命受到威胁会发出嘶声并反击。饲养时只要不过度用力抓，它极少会咬人。**食物：**经常以响尾蛇或铜斑蛇为食，也捕食蜥蜴及老鼠、鸟类等。一般以缠绕方式使猎物窒息死亡，而后吞食。**栖境：**饲养温度20～30℃之间，保持干燥洁净即可。

繁殖 每年3～6月间交配，雌性每次产下4～20枚椭圆形的卵，温度30℃左右时50～55天之内可以孵化。刚孵出的幼蛇长20～30厘米，3年以上才能长为成体。

以身上明显的条带闻名，虽然无毒，却能以毒蛇为食

金花蛇　▶　游蛇科，金花蛇属　|　*Chrysopelea ornata* Shaw　|　Golden tree snake

金花蛇

活动季节：春、夏、秋季
活动环境：热带、亚热带林中

金花蛇又称为飞蛇，分泌毒性较轻的毒素，对人类甚少造成重大威胁，但仍是毒蛇成员。它在中国是罕见的轻毒性后沟牙毒蛇，甚为稀少。

会于高处地区弹跳穿梭，并在半空中作出类似飞翔的动作，实际上是压缩肌肉将身体压得扁平，利用身体肌肉的摆动，在空中作出短距离降落式的滑翔而已，即使没有翅膀之类的滑翔辅助器官或肢体，它的滑翔技巧仍可媲美鼯鼠或其他擅长滑翔的动物

形态 金花蛇全长1～1.4米，尾长占1/3左右。头背黑色有黄绿色斑纹，上唇缘黄绿色。眼较大，稍突出于头背，眶前鳞1，眶后鳞2；上唇鳞9，下唇鳞10。背鳞17–17–15行，中央数行微棱；腹鳞207～234对，具侧棱及缺凹；肛鳞二分；尾下鳞110～140对，亦具侧棱及缺凹。体背面黄绿色，有黑色横斑及网纹；腹鳞侧棱外部分的前缘色黑，左右侧棱中央部分色白，腹鳞与尾下鳞侧棱处均有一黑点。

习性 活动：白昼活动。常栖树上，会于高处弹跳穿梭，并在半空中作出类似飞翔的动作。食物：肉食性，捕食蜥蜴、鸟、小型哺乳动物，也以蛇为食。栖境：海拔550～1040米的热带、亚热带林中。

繁殖 卵生。6月间产卵6～12枚，长椭圆形。

横斑由黑色鳞片组成，网纹则由每一绿色鳞片中央的黑色纵纹缀成

▶　别名：美丽金花蛇　|　分布：东南亚、美拉尼西亚群岛及印度

白条锦蛇 ▶ | 游蛇科，锦蛇属 | *Elaphe dione* Pallas | Dione rat snake

白条锦蛇

活动季节：春、夏、秋季

活动环境：平原、丘陵或山区、草原

白条锦蛇是中国北方分布广泛的无毒蛇，别名枕纹锦蛇、麻蛇。它的耐饿能力很强，曾有耐饿18个月的纪录。

形态 白条锦蛇头略呈椭圆形，体尾细长，全长1米左右。吻鳞略呈五边形，宽大于高，从背面可见其上缘；鼻间鳞成对，宽大于长；前额鳞一对，近方形；额鳞单枚呈盾形，瓣缘略宽于后缘；顶鳞一对，较额鳞要长。背鳞多为25行，少数23行；中段25行，少数23行，个别27行；肛前段19行，个别17行；整个背鳞有9行具弱棱。腹鳞雄性173～193枚，雌性177～189枚；尾下鳞雌性63～69对，雄性54～60对。肛鳞对分。体背面苍灰、灰棕或棕黄色。

习性 **活动**：生活力强，耐饥渴，性情温顺，行动迟缓。晴天白天和傍晚都出来活动。北方地区10月上旬开始入蛰，次年4月下旬出蛰。**食物**：壁虎、蜥蜴、鼠类、小鸟和鸟卵等，幼体亦吞食昆虫。**栖境**：平原、丘陵或山区、草原，栖于田野、坟堆、草坡、林区、河边及近旁，亦见于菜园，农家的鸡窝、畜圈附近，有时为捕食鼠类进入老土房。

繁殖 卵生。7～8月间产卵于深穴或石缝内，每次产卵10个左右，卵壳柔韧，乳白色。根据地域不同，孵化天数在20～35日。

生活能力强，耐饥渴，性情比较温顺，行动较迟缓，捕杀小鸟、蜥蜴及小型鼠类为食 ●

▶ **别名**：枕纹锦蛇、麻蛇 | **分布**：中国东三省、北京、山东、山西、江苏、河南、湖北、陕西、四川、新疆

| 玉斑锦蛇 | ▶ | 游蛇科，锦蛇属 | *Euprepiophis mandarinus* Cantor | Mandarin rat snake |

玉斑锦蛇

活动季节：春、夏、秋季
活动环境：丘陵山区林地

玉斑锦蛇别名美女蛇，色彩艳丽，适于观赏，部分种类个体较大，往往大量被捕杀。

形态 玉斑锦蛇全长1米左右，尾长约为全长的1/5。体背面紫灰或灰褐色，正背有一行多个约等距排列的黑色大菱斑；腹面灰白色，散有长短不一、交互排列的黑斑。头背部黄色，有典型的黑色倒"V"字形套叠斑纹。眶前鳞1，眶后鳞2；上唇鳞7，下唇鳞9。背鳞23-23-19行，平滑；腹鳞181～238对；肛鳞二分；尾下鳞53～75对。

习性 **活动**：敏感，受到惊吓或粗暴对待可能会咬人。受到惊扰会排出难闻的黏性分泌物。把玩它时要尽量轻柔一些，不要抓得太紧。**食物**：大部分只吃鼠类，许多人工驯养的喜欢吃乳鼠，5～7天喂一次即可。**栖境**：海拔300～1500米的平原山区林中、溪边、草丛，也常出没于居民区及其附近。

繁殖 6～7月产卵5～16枚，卵白色，椭圆形。

菱斑中心黄色

| | 别名：美女蛇、神皮花蛇、玉带蛇 | 分布：缅甸、越南及中国华北、华东、华南 |

非洲角蝰蛇　▶　蝰蛇科，角蝰属　|　*Cerastes cerastes* L.　|　Saharan horned viper

非洲角蝰蛇

活动季节：春、夏、秋季

活动环境：沙地

非洲角蝰蛇生活在北非地区，头上长有两角，具攻击性和强力的毒性。人体中毒后的表征大致有头痛、呕吐、腹痛、腹泻、晕眩、昏厥或痉挛等，正常人体只要摄取了40～50毫克毒液就足以致命。

形态 非洲角蝰蛇体型大，体长30～60厘米，雌性体型较雄性庞大。双眼位置有一对竖立的刺状角鳞，少数没有长角或角鳞较细小。体色以黄色为主，也有浅灰色、粉红色、浅棕色等多种颜色构成纹理。背后有一块与身长相等呈长方形的黑纹。腹部呈白色。尾巴末端是黑色。

习性 **活动：**有埋伏沙中的习性，在沙上以两侧环绕方式行进。头上的角不仅是装饰还可以遮住阳光。毒性很强，而且会主动攻击人畜，非常危险。**食物：**不详。**栖境：**北非及中东地带。

繁殖 卵生。每次生产8～23枚蛇卵。雌性会把蛇卵藏在岩石下或放置在其他动物所掘出的洞穴中。经过50～80天的孵育过程后，幼蛇会出生。

多变及偏浅的颜色可以让它易于藏匿，不为猎食者所发现

▶　别名：不详　|　分布：北非地区

| 角响尾蛇 | ▶ | 蝰蛇科，响尾蛇属 | *Crotalus cerastes* Hallowell | Sidewinder |

角响尾蛇

活动季节： 春、夏、秋季

活动环境： 沙漠中那些被风吹过的松沙地区

角响尾蛇产于墨西哥和美国西南部的沙质荒漠。像其他响尾蛇一样尾部有响环，这是由它身上一系列干鳞片组成的，曾是有活力的皮肤，变成死皮后就成了干鳞片。

会摇动响环，向入侵者发出警告：被它咬到是会中毒的！

形态 角响尾蛇体长约0.6米，眼上方各有一角状鳞。体色淡黄、粉红或灰色，背部和身体两侧有不显眼的斑点。尾部有响环。

习性 活动：夜行性，靠横向伸缩身体前进穿越沙漠，方式很奇特，这使它抓得住松沙，在寻找栖身之处或猎物时行动迅速。当它从沙地上穿过时，会留下其独有的一行行踪迹。食物：在夜幕降临后不久开始捕食，吃啮齿类动物，如更格卢鼠。栖境：沙漠中被风吹过的松沙地区。

繁殖 资料缺。

尾巴的尖端地方，长着一种角质链状环，围成了一个空腔，角质膜又把空腔隔成两个环状空泡，仿佛是两个空气振荡器，当响尾蛇不断摇动尾巴时，空泡内形成了一股气流，一进一出地来回振荡，空泡就发出了"嘎啦嘎啦"的声音

▶ 别名：侧进蛇 | 分布：墨西哥和美国西南部的沙质荒漠

东部菱背响尾蛇

活动季节：春、夏、秋季，冬季进入冬眠

活动环境：一般生活在干旱低地、林地或荒地等处

东部菱背响尾蛇是世界上最大的响尾蛇，毒性很强且毒量很大；只分布在美国东南部。近年来数量不断下降，每年关于它伤人的事件报道越来越少，抗毒血清的使用使得每年因被咬伤致死的人数极少。

形态 东部菱背响尾蛇体型较大，体长可超过2米，体重为2～5千克，雄性比雌性大，雌性平均体长约1.7米。头部扁平，宽大，略呈三角形；双眼位于头前端，眼大，略微突出；鼻孔位于吻端上方；热感应窝明显，位于鼻孔后下方；无耳。身体密布

背部有24~35个暗褐色到黑色的菱形斑纹，每个斑纹周围围绕一圈奶油色或黄色小斑点

鳞片；头部有吻鳞，鼻孔之间有鳞片10~21片，眼睛上方有鳞片5~11片；背部鳞片25~31排；腹部鳞片165~187排，尾部鳞片20~33排。背部颜色呈褐色、棕黄色、灰褐色或橄榄色；尾部有5~10个环形斑纹；腹部为奶油色或黄色；头部有黑色条纹从眼睛延伸到上下唇唇角处。

习性 **活动**：陆地爬行，不善攀爬，善于游泳；清晨、午后经常晒太阳，冬季进入冬眠；受到威胁时身体前端抬起呈S形，尾巴发出嘎嘎的响声。**食物**：吃鸟类、蜥蜴、哺乳动物、壁虎、大型昆虫和许多小型啮齿动物，兔子和老鼠是主要的猎物；会将毒素注入猎物体内，令其立即麻痹或死亡，有时会跟踪未被毒素控制及尝试逃走的猎物。**栖境**：干燥环境中，多分布在山地松树和棕榈树、树林、沼泽、海边、干旱期草原等地方；经常栖在其他动物的洞穴中。

繁殖 春季交配，妊娠期6～7个月，每次产幼蛇7~21条；雌性直接产出幼蛇而不是卵。幼蛇出生几个小时后能自己生存，成年雌性即会离开。幼蛇长30~36厘米，外表与成蛇相似。

| 瘦蛇 ▶ | 游蛇科，瘦蛇属 | *Ahaetulla nasuta* Cépède | Green vine snake |

瘦蛇

活动季节: 春、夏、秋、
冬季，夏天和冬天可
能会出现休眠

活动环境: 热带雨林

具微毒，毒素主要由后排弯曲
的牙齿分泌；人被咬之后会引
起皮肤肿胀，三天后自动消肿

瘦蛇，如同名字一样很瘦，身体细长。它的视力在蛇
类中是最好的，主要依靠视力进行捕食，发现猎物后紧紧地盯着，而不会
通过吐信来确定猎物的位置。曾有报道伦敦一家动物园中一条雌性瘦蛇在单
独饲养了三年之后，在没有与雄性交配的情况下成功产下了后代，因此推测瘦
蛇具有推迟受精的能力，或者说可以单雌生殖。

形态 瘦蛇身体细长，体表密布鳞片，尾巴长度约占到体长的
40%。头部呈尖锐的三角形，顶部扁平，从眼睛上方到鼻
端各有一条额棱；鼻端长尖，鼻尖略有向上的凸起，鼻
孔明显，呈椭圆形，位于鼻尖处。眼睛大，巩膜呈
黄色，瞳孔黑色，水平如同钥匙孔。身体背
部基本上为绿色，也有个体为黄色、橙
色、灰色及棕色；背部花纹为黑白相
间的环形条纹；腹部主要为黄色。

习性 **活动:** 树栖，经常伪装成
树枝；爬行；日行性，白天活动
觅食；可以纹丝不动地伪装成树
枝。**食物:** 肉食性，捕食蜥蜴、啮
齿类、鸟类、蛙类等；经常伪装等
待蜥蜴或鸟类经过，然后悄悄潜近，
如同随风摆动的树枝一样，时机成熟
时迅速出击；只有在捕食移动迅速的猎
物时才会以毒素使其失去活动能力。**栖
境:** 热带雨林或热带潮湿地带；环境高温
潮湿。

繁殖 卵胎生，幼体在母体内发育完
全，出生时身体外侧包裹胎膜。

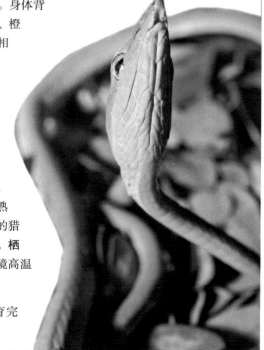

▶ | 别名：藤蛇、鞭蛇 | 分布：印度，中国福建、广东、香港

环箍蛇 ▶ | 游蛇科，环颈蛇属 | *Diadophis punctatus* L. | Ring-necked snake

环箍蛇

活动季节： 春、夏、秋季，冬季进入冬眠
活动环境： 林地附近的岩石坡、河岸、灌丛

环箍蛇是北美洲东部和中部常见的蛇类，因其在颈部有一条区别于其背部颜色的鲜艳的条纹，故得名。受到威胁时，它会伪装成死亡状态，将头蜷在中央，把尾竖起，显示红或黄色的腹部，以冒充更可怕的头。

形态 环箍蛇体型较小，成体体长25~38厘米。身体细长，头部扁平，吻端略钝，鼻孔位于吻端，眼睛大。体表光滑，密布鳞片；背部鳞片有15~17排；雄性肛门附近有小结节，雌性没有。背部颜色单一，呈橄榄色、棕色、蓝色、灰色或黑色；颈部有一条颜色鲜艳的条纹，呈黄色、红色、奶油色或橙黄色；靠近头部的腹部为橙黄色或黄色，越靠近尾巴颜色越红，腹部密布黑色斑点。

习性 **活动**：群居生活，有一定社会性。白天栖息在岩石缝中，原木、岩石或灌丛等遮蔽物下，黄昏外出活动觅食；在阴天会晒太阳获取热量。**食物**：肉食性，主要捕食蝾螈、蚯蚓、蛞蝓、蜥蜴和青蛙，也捕食其他小型蛇类，很少攻击大型动物；既主动出击也静静等待猎物出现，用身体将猎物缠绕住并注入毒素。**栖境**：植被茂盛、遮蔽物较多处；在北部和西部地区多栖息在森林及周边的岩石、灌丛等处；在南部则更多地栖息在潮湿河岸附近。

繁殖 春季交配，也有亚种秋季交配。雌性会分泌荷尔蒙吸引雄性，雄性用头部摩擦雌性身体，咬住雌性的颈部，体内受精。雌性夏季或8~9月产卵，每次产卵3~10枚，产在松散土壤中或岩石下，会出现多蛇共用一个产卵地点的现象。卵细长，呈白色或淡黄色，8~9月卵孵化。幼蛇3岁左右性成熟。寿命约6年。

当被握住时会从嘴中分泌出黏稠液体，带有刺激性气味

▶ 别名：环颈蛇 | 分布：加拿大东南部、美国东部和墨西哥北部

环箍蛇

太攀蛇　眼镜蛇科，太攀蛇属　｜　*Oxyuranus scutellatus* W.Peters　｜　Coastal taipan

太攀蛇

活动季节：春、夏、秋季

活动环境：树林、林地

太攀蛇是一种极度危险的毒蛇，根据数个毒理学报告的实验白鼠LD$_{50}$皮下注射数据，此物种的毒性在全球最毒的蛇中位居第三，在陆栖毒蛇中位列第一。其个头很大，身体强壮，并能分泌致命毒液，每咬一口释出的毒液足以杀死100个成年人。太攀蛇被激怒时会疯狂发动攻击，会眨眼工夫用毒牙咬受害者数下，攻击速度极快。

形态　太攀蛇分为澳大利亚太攀蛇以及新几内亚太攀蛇，前者体色为褐色，头部颜色稍淡，后者体色为乌黑色或褐色，并有一条沿着背脊的橘色条纹；此两种有一个明显的特点，即狭长棺木形的头部，使其外表看起来十分凶狠。身长为2～3.6米，在澳大利亚可能是最大型的毒蛇。

习性　**活动：**日行性，从清晨到上午最为活跃，在炎热天气里也会改为夜间活动。只有被激怒时才会迅速咬人类。**食物：**只吃温血动物，以小哺乳动物和鸟类为食，如鼠类。**栖境：**适应范围广，从温暖、潮湿的热带海岸到季风森林、潮湿和干硬的森林和林地，以及自然或人工草原。

繁殖　卵生，每次产下3～22枚卵。

在抗毒液素研发出来以前，被太攀蛇咬到的人没谁能活下来

别名：海岸太攀蛇　｜　**分布：**澳洲东部和北部的海岸区域、新几内亚岛

红腹伊澳蛇

活动季节：春、夏、秋，冬季进入冬眠
活动环境：潮湿的森林、河岸附近

红腹伊澳蛇是澳大利亚最有名的蛇之一，属毒蛇，但毒性不是很强，人畜被咬之后会引起一系列症状，但不会致命；不及时治疗可能导致嗅觉丧失。

形态 红腹伊澳蛇体型较大，平均体长约1.5米，有较大个体能长到2~2.5米。头部扁平，呈椭圆形；吻端钝，无明显吻棱；上颌骨较短，前端有沟牙，沟牙后有数枚细牙；瞳孔圆形，巩膜呈棕色；整条脊柱均有椎体下突，尾圆柱状。体表密布鳞片，背部鳞片有17排。背部黑色，腹部及两侧呈红色、深红色、黄色等。

习性 **活动**：爬行，白天比较活跃，外出觅食活动，夜间隐藏在灌丛中、岩石或原木下等；性格温和，不会主动攻击，受到威胁时会做出夸张的攻击状，抬起身体前端以吓走对方，然后抓紧逃走。**食物**：肉食性，主要捕食蛙类，也捕食爬行动物和小型哺乳动物，甚至同类相食。依靠热感应和嗅觉捕食，将毒素注入猎物体内使其麻痹或死亡；有追捕猎物的习性。**栖境**：喜欢潮湿环境，经常在林间水洼、河流、水坝或其他水体附近出现，在森林、草原、山地中亦见。

繁殖 春季交配，为争夺交配权，雄性会展开激烈竞争，争斗中身体缠绕在一起，用头部压倒对方。卵胎生，幼体在母体体内发育成熟，出生时会有胎膜；通常一次产出8~40条幼体。幼体体表呈黑色，长约122毫米，在野外生存率很低。

东部拟眼镜蛇 ▶ 眼镜蛇科，拟眼镜蛇属 | *Pseudonaja textilis* Duméril | Eastern brown snake

东部拟眼镜蛇

活动季节： 春、夏、秋季，冬季进入冬眠

活动环境： 干燥的森林、林地、稀树大草原及灌丛中

东部拟眼镜蛇有剧毒，通常被认为是陆地第二毒的蛇，毒液中包括神经毒素和血液凝血剂，出毒量大，毒素能引起腹泻、头晕、虚脱、抽搐、肾功能衰竭、瘫痪、心脏骤停，不及时接受治疗会有生命危险。

形态 东部拟眼镜蛇体长1.1~1.8米，有记录的最大体长为2.4米。头部扁平，略呈三角形；有沟牙，可注射毒素，沟牙后面有数枚细牙；瞳孔圆，黑色，巩膜呈棕色；鼻孔位于眼睛前端，椭圆形。体表密布鳞片，背鳞17行，尾鳞45~75行，腹部鳞片宽大。体表通常为棕色；有各种斑纹和图案，从淡黄色到黑色，有时会有银色、灰色等特殊颜色；腹部一般为黄色；幼体体色单一，以黑色居多，腹部有红褐色斑点。

习性 活动：爬行，陆栖；白天活动觅食，夜间活动较少，隐藏在岩石缝、原木下、灌丛中；速度快，极具攻击性，容易激怒；当被激怒时会直起前端身体呈S形。**食物：** 啮齿类动物，尤其是家鼠，也捕食蛙类、鸟类甚至其他蛇类。**栖境：** 干燥的森林、林地、稀树大草原及灌丛，在农田及人类住所附近也经常见其身影。

繁殖 春季交配。雄性会为争夺地盘而争斗，只有赢的才有权利与这一区域的雌性交配。雌性每年春末或夏季产卵，每次产卵10~40枚，没有守卫卵的行为。幼体孵化出后能单独觅食，野外成活率较低。

体表通常为棕色，密布鳞片，有各种斑纹和图案

▶ 别名：不详 | 分布：澳大利亚、巴布亚新几内亚、印度尼西亚

巨环海蛇　▶　眼镜蛇科，扁尾海蛇属　|　*Laticauda colubrine* J.G.S.　|　Banded sea krait

巨环海蛇

活动季节：春、夏、秋、冬季
活动环境：热带海域、海岸地区

巨环海蛇数量多且分布广泛，会花费大量时间在海中捕食，然后返回陆地休息、消化食物以及繁殖。在菲律宾有食用巨环海蛇的习俗。

形态 巨环蛇雌性体型较大，平均体长约1.4米，雄性体型较小，体长0.8~0.9米；尾巴长13~14.5厘米。头部小，扁平，吻端钝；瞳孔为圆形，黑色；鼻孔在外侧；上唇、鼻子、眼睛上方为黄色或银白色。身体侧扁，密布鳞片；背鳞为21~25排，鳞片重叠。背部为淡蓝色或银白色，有黑色环纹延伸到尾巴末端；腹部鳞片为黄色。尾巴呈桨形，适合游泳。

习性 **活动**：半水栖，幼体生活在海岸边和浅海区域；成年蛇一半时间在海中，一半时间在陆地上；雄性爬行和游泳比雌性迅速，雌性主要在深水区域活动。攻击性不强，遇到人类不会主动攻击，受到威胁时才会自卫。**食物**：肉食性，主食鱼类，如海鳗；一般单独捕食，在捕食大型猎物时会一起作战。**栖境**：近海海域和深海区域；成体能深入海岸内陆生活，幼体一般生活在浅海和海岸线附近。

繁殖 卵生。每年9～12月交配繁殖。涨潮时雄性聚集在海岸边平坦地区，一旦发现雌性就开始追逐求爱，持续几天。求爱成功后雌雄交配。雌性将卵产在隐蔽的地方，每次产卵10枚左右。卵在6~8月孵化。雄性幼体约1.5年发育成熟，雌性幼体1.5~2年发育成熟。

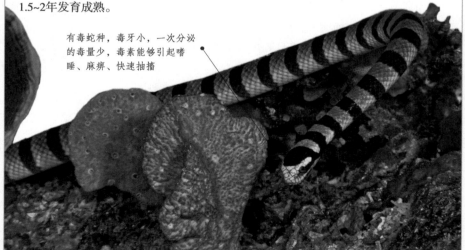

有毒蛇种，毒牙小，一次分泌的毒量少，毒素能够引起嗜睡、麻痹、快速抽搐

▶　**别名**：灰蓝扁尾海蛇　|　**分布**：印度洋东部、西太平洋、孟加拉湾、中国南海

| 长锦蛇 | ▶ | 游蛇科，锦蛇属 | *Zamenis longissimus* J.N.L. | Aesculapian snake |

长锦蛇

活动季节*：春、夏、秋季，冬季进入冬眠*
活动环境*：向阳、避风、树林边缘、靠近溪流处*

长锦蛇是欧洲体型最大的蛇之一，无毒，以希腊神医阿斯克勒庇俄斯之名命名的，在古希腊蛇被认为是神医的化身。

阿斯克勒庇俄斯之杖上的蛇被认为是长锦蛇，现代很多医疗标志也引用了阿斯克勒庇俄斯之杖

形态 长锦蛇体型细长，体长1.6~2米，有记录的最大体长达2.25米；雄性体型较大；刚孵化出的幼体体长约30厘米。头部扁平，略呈椭圆形；瞳孔呈圆形黑色，巩膜为黄色或红色；鼻孔明显，位于头部两侧。体表密布鳞片，背鳞中间19~23行，腹鳞有211~255排，61~90对尾鳞。成体体表颜色单一，一般为橄榄绿色、棕绿色或黑色；腹部为黄色或灰白色。幼体体表颜色丰富，头部、背部、腹部两侧都有花纹斑点。

习性 **活动**：性格温和，主要在白天活动；攀爬能力强；温度较高或较低时会进入休眠状态；攻击性不强，通常隐藏在人类难以观察到的地方。**食物**：啮齿、小型哺乳、节肢动物，也吃鸟类、鸟蛋、雏鸟。采用缠绕方式使猎物窒息，有时也将小动物活活吃掉。**栖境**：离水源较近的温暖、干燥的低地灌丛、林中空地、丘陵岩石坡等地方，经常在人类住所附近出现。

繁殖 每年5~6月中旬繁殖。雌性交配后4~6周产卵，产在潮湿、温暖的草堆，腐烂的原木，枯叶堆等处；每次产卵2~20枚，平均产卵10枚。孵化期为6~10周；幼蛇4~6岁发育成熟可交配繁育后代。寿命为25~30年。

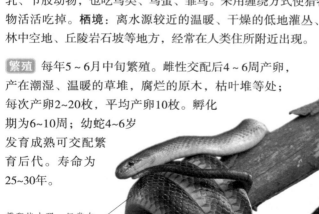

攀爬能力强，经常在4~5米高的树梢活动，有时在屋顶觅食

| ▶ | 别名：不详 | 分布：欧洲南部，法国、德国、意大利等以及西亚 |

PART 9
272~275页

有鳞目·蚓蜥亚目

红蚓蜥 ▶ 蚓蜥科，无足蜥蜴属 | *Amphisbaena alba* L. | Red worm lizard

红蚓蜥

活动季节： *春、夏、秋、冬季*

活动环境： *热带雨林*

红蚓蜥是蚯蚓和蜥蜴的近亲，外表与蚯蚓非常类似，平时生活在地下，只会在雨后露出地面。因为常年生活在地下，眼睛、耳朵已经退化，眼睛很小，无外耳，但能感受到震动。由于地下氧气的含量较低，它的红细胞中血红蛋白分子呈周期性横向排列，血红蛋白合成较慢，这样的结构能够降低代谢。

形态 红蚓蜥是蚓蜥类中体型最大的，体长50～55厘米。头部呈弹头形，黄色，有坚硬的大型鳞片；耳朵严重退化，无外耳；眼睛也退化，较小，无眼睑。口大，呈三角形，位于头的前部；吻端略尖，鼻孔明显位于吻端。躯体呈圆柱状，无颈部和四肢，体表密布小鳞片，鳞片排列成环状。背部呈红棕色，腹面灰白色。

习性 活动：穴居，依靠头部钻洞；很少在地面出现，只在暴雨过后会出现在地面呼吸空气；受到威胁时会将尾部缩回使身体呈马蹄形，使天敌误认为尾部是头部。**食物**：杂食性，从植物到小型脊椎动物都有，主要以甲虫、蚂蚁、昆虫幼虫和蜘蛛为食。**栖境**：热带雨林中，平时在潮湿土壤中或干燥沙土洞穴中，一般栖在离白蚁洞穴较近处。

繁殖 每年旱季交配繁殖，将卵产在蚂蚁等其他动物的巢穴中，每次产卵8~16枚。其泄殖腔雌雄是一样的，不论长度还是形态，这可能与穴居的生活局限性有关。

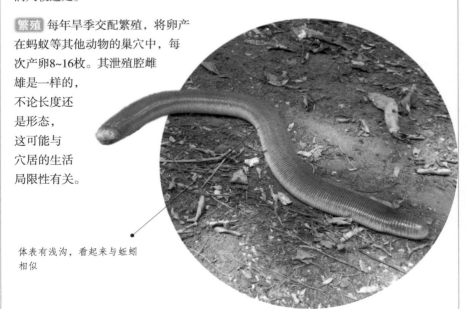

体表有浅沟，看起来与蚯蚓相似

五趾双足蚓蜥

活动季节： 春、夏、秋、冬季
活动环境： 干燥的沙地

　　五趾双足蚓蜥仅分布在墨西哥的下加利福尼亚半岛，平时栖息在土壤疏松干燥的环境中，生活在地下洞穴中，很少在地面活动，很多生活习性没有得到研究。该种群虽然生殖能力低，但被认为是一种相当稳定的物种。在一些地区，它受法律保护。

形态　五趾双足蚓蜥体长18~24厘米，体宽6~7毫米；躯体呈圆柱状，体表呈粉红色。头部呈弹头形；口大，吻端钝圆，吻棱明显，口中牙齿交错；鼻孔明显位于吻端；眼睛小，无眼睑，圆形；外耳消失，只有一个小孔。体表皮质有环状体节，如同波纹形，身体可以收缩；腹部体节较宽大，顺序排列；体侧有明显的一条浅沟，从前肢处延伸到尾部的排泄孔。前肢粗短，有5趾，指尖锋利；后肢消失，在X射线下仍然能够看到退化的后肢骨骼。

习性　**活动：** 爬行；前肢趾尖分离，善于挖掘；穴居，很少在地面活动，一般会在夜间或大雨过后外出活动或觅食。**食物：** 肉食性，以蚂蚁、白蚁、地栖昆虫、蚯蚓、小型蜥蜴等为食；先将猎物弄死再进食。**栖境：** 略微潮湿、疏松多空的土壤、洞穴。

繁殖　每年7月繁殖；卵生。雌性每次产卵1~4枚，产在地下洞穴中；孵化期为2个月。目前还没有文献显示雌性是否一直照顾卵直到孵化。卵一般在9月下旬开始孵化，幼体约4~5个月性成熟。由于生活方式隐蔽，关于平均寿命的研究很少，被捕捉到的成年五趾双足蚓蜥，平均寿命一般在3年左右。

头部覆盖大型坚硬的鳞片

大部分时间生活在地下，人类活动对它影响相对较小

▶　**别名：** 蠕蜥　｜　**分布：** 墨西哥下加利福尼亚半岛

伊比利亚蚓蜥

活动季节： *春、夏、秋季*

活动环境： *沙地、树林中的枯叶层*

　　伊比利亚蚓蜥体型细长，经常被认为是蛇或大型蠕虫，但它是典型的脊椎动物，拥有脊柱、肺和封闭的循环系统等脊椎动物的所有特征。由于长期生活在地下，它的眼睛已经退化，但进化出了其他特点，例如嗅觉发达、能够分辨对方释放出的化学信号。

形态 伊比利亚蚓蜥体型较小，成体体长约15厘米，最长可达30厘米；雄性体型较大，体长平均为25.4厘米，雌性体型相对较小；尾长为身体总长的8%~11%。头部圆润；吻端尖，有利于挖洞；眼睛退化，眼睛小并覆盖鳞片；口中有一排小而锋利的牙齿。躯体被覆环状鳞片，较小、呈环状排列。体色有黄色、肉粉色、棕色和黑色，杂以桃红色；腹部颜色较浅。尾巴短。

习性 **活动：**善于挖掘，地下穴居，白天极少在地面上活动，主要在夏季夜晚到地面活动觅食，在暴雨后会到地面活动。活动季节为每年2~11月，11月后进入冬眠。遇到危险时会将身体蜷起来，逃避天敌。**食物：**主要捕食昆虫和昆虫幼虫等地下节肢动物；会本能地寻找体型更大的昆虫，但对于某些蚂蚁会避开进食。每次进食量较少。**栖境：**海拔400~1400米地区；生活在植物根下、木头底下及沙地、树林中的枯叶层下，一般在地下10~20厘米的疏松、腐殖质较高的土壤中。

繁殖 每年春季4~5月繁殖。每次产卵1~2枚，卵呈椭圆形，长约34毫米，宽约6毫米。幼体在1年左右性成熟。

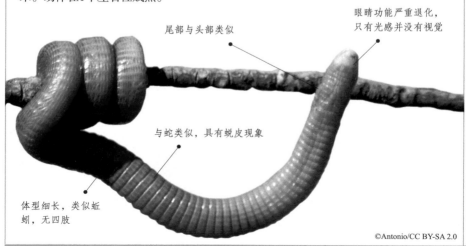

尾部与头部类似

眼睛功能严重退化，只有光感并没有视觉

与蛇类似，具有蜕皮现象

体型细长，类似蚯蚓，无四肢

▶ 别名：欧洲蚓蜥 | 分布：葡萄牙、西班牙中南部、伊比利亚半岛、北非、西亚

中文名称索引

英文名称索引

拉丁名称索引

参考文献

［1］松坂实原.世界两栖爬行动物原色图鉴.公凯赛,岳春编译.北京：
中国农业出版社，2002.

［2］马克・哈钦森.爬行动物和两栖动物.张敏译.北京：电子工业出
版社，2015.

［3］蒂姆・哈里斯.濒临灭绝的动物.张贵红译.长沙：湖南教育出版
社，2014.

［4］徐帮学.两栖爬行动物的风姿.吉林：延边大学出版社，2015.

［5］李湘涛.两栖爬行动物博物馆.北京：时事出版社，2006.

［6］王红.两栖爬行哺乳类动物.北京：企业管理出版社，2013.

图片提供：

www.dreamstime.com

大 自 然 博 物 馆 百科珍藏图鉴系列

· 以生动、有趣、实用的方式普及自然科学知识；
· 以精美的图片触动读者；
· 以值得收藏的形式来装帧图书，全彩、铜版纸印刷。

大自然博物馆 百科珍藏图鉴系列

蝴蝶

200 种蝴蝶 彩色图谱 识别、鉴赏

大自然博物馆编委会 组织编写

大自然博物馆 百科珍藏图鉴系列

昆虫

200 种昆虫 彩色图谱 识别、鉴赏

大自然博物馆编委会 组织编写

大自然博物馆 百科珍藏图鉴系列

海洋动物

200 种海洋动物 彩色图谱 识别、鉴赏

大自然博物馆编委会 组织编写

大自然博物馆 百科珍藏图鉴系列

哺乳动物

200 种哺乳动物 彩色图谱 识别、鉴赏

大自然博物馆编委会 组织编写

大自然博物馆 百科珍藏图鉴系列

两栖与爬行动物

200 种动物 彩色图谱 识别、鉴赏

大自然博物馆编委会 组织编写

大自然博物馆 百科珍藏图鉴系列

恐龙与史前生命

200 种史前动物 彩色图谱 识别、鉴赏

大自然博物馆编委会 组织编写